全世界最多人都在學的

數學速算法

數學權威
王擎天 博士◎著

風靡世界最有效的學習方法

瞬間破題

快速解題

精準答題

印度數學就像拼圖，一碰就欲罷不能！

風靡全球的寶萊塢電影《貧民百萬富翁》，敘述一名來自孟買貧民窟的青年，參與遊戲問答節目「百萬富翁」，一路過關斬將的歷程，此片也讓大家對於印度式數學計算方法，產生莫大的興趣，引發了研究熱潮。

印度自古就是一個數學相當發達的國家，古印度人留下許多巧妙的解題方法，而我們熟知的印度阿拉伯數字與零，更是創始於印度後傳到阿拉伯地區而廣泛通行於世界。早在百年前重新被發現並開始發展的吠陀數學，其結構連貫且容易計算的優點，更是形成一股思維式數學演算的潮流，重新建構邏輯思考與提升速算的能力，讓學習者將繁複的數學問題簡化至能輕鬆駕馭的程度，並藉此創造屬於自己的解題方法，使得印度成為孕育全世界 IT 科技工程師的強國，甚至美國各大名校與企業爭相延攬來自遙遠國度的人才，而這些印度工程師的最大優勢，就是他們善於利用補數與圖像等方式精簡運算，腦子就像計算機般幾秒內就能算出結果，他們的數學比別人強，不但算得對也算得快。

在台灣，很多學生經常面臨以下問題：

☑ 算太慢，常常考試時間到了卻還寫不完考卷！

☑ 常算錯，連基本的加減乘除計算都會出錯！

☑ 太粗心，即使是基本送分題也會莫名其妙寫錯！

☑ 窮緊張，明明會的題目卻因為緊張而全部忘光光！

☑ 沒信心，看到敘述太長或數字太大的題目就直接放棄！

其實，只要掌握印度式數學的訣竅，靈活運用加法、減法、乘法、除法、分數四則、平方、平方根、立方根、解聯立方程式、三角函數與基礎統計等，便能有效率且快速的提升運算速度與數學實力，多元的解題方法培養多方思考能力，碰到任何問題均能迎刃而解。

經常有家長會問我，為什麼孩子要學數學？其實數學乃一切科學之基礎，透過邏輯與思考的訓練，除了有效提高記憶與思維能力，提升學習成效，更能培養靈活應變與解決問題的能力，看別人只花 3 秒鐘就解出您花 1 分鐘還算錯的題目，您一定十分懊惱又非常好奇。本書提供各種運算竅門，藉由開發智慧右腦，提高學習數學的興趣，建立數字感，保證讓您對數學重燃自信。一步步詳盡的運算推演過程，利用圖像與簡單數學進行詳盡解說，讓您知其然更知其所以然，對於想要快速提升計算能力與準確度，輕鬆飆高考試成績有相當大的助益；至於成年人閱讀本書則能腦力激盪，訓練超強思維能力以提高工作效率，快速又正確的解決日常生活上的計算問題。

印度數學的魔力，在於它不是填鴨式的背誦記憶，而是暗藏許多訣竅與撇步的任意門，只要開啟這扇門，您會發現數學不再枯燥乏味，而這條捷徑將帶領您奔向出類拔萃的人生新境界。

王擎天

目錄 Contents

Chapter 1　計算機般的快速解題

Chapter 2　魔法般的瞬間破題

Chapter 3　黑馬般的征服考試

Chapter 4　遊戲般的趣味學習

◎成果檢測與解答

本書構成及使用方法

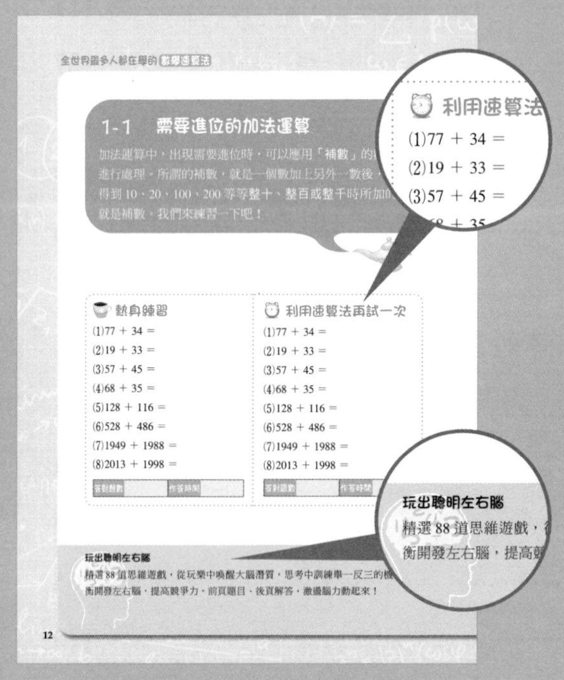

準備一個計時器，先用自身的數學能力試試左方的熱身練習題目，記下作答時間但先不批閱；待學完本節的計算方法後，一樣計時練習右方的題目，最後再一併對答案，你會發現驚人的結果呦！

精選 88 道思維遊戲，從玩樂中喚醒大腦潛質，思考中訓練舉一反三的機智，均衡開發左右腦，提高競爭力。前頁題目、下頁即為解答，激盪腦力動起來吧！

Chapter4 Chapter3 Chapter2 Chapter1

請你跟我這樣做

Step1 找出比較接近整十、整百或整千的數，並加上它的補數。
Step2 另一個加數減去這個補數。
Step3 將前兩步驟的得數相加即可。

範例 1

77 + 34 = ?

① 77 比 34 較接近整十數，所以取 77 的補數為 3。
77 +（3）= 80
② 另一加數 34 減去補數。
34 −（3）= 31
③ 將前兩步驟的結果相加。
80 + 31 = 111
④ 所以 77 + 34 = 111

跟著王擎天老師整理的速算步驟，一步步循序漸進演練，搭配範例的步驟說明，讓你更快熟悉印度數學的速算技巧。

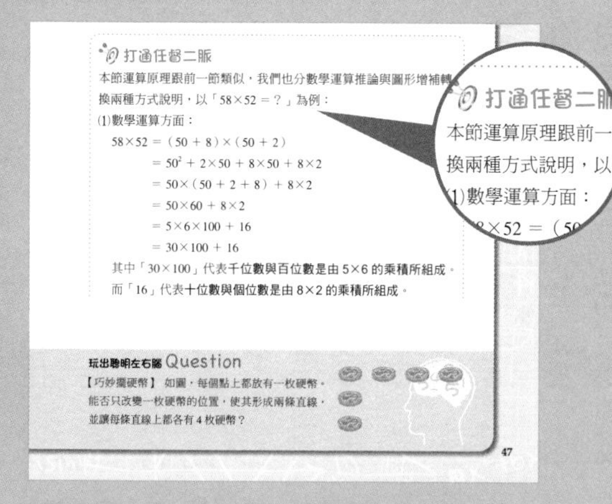
打通任督二脈

本節運算原理跟前一節類似，我們也分數學運算推論與圖形增補轉換兩種方式說明，以「58×52＝？」為例：

(1)數學運算方面：

$58\times52=(50+8)\times(50+2)$

$=50^2+2\times50+8\times50+8\times2$

$=50\times(50+2+8)+8\times2$

$=50\times60+8\times2$

$=5\times6\times100+16$

$=30\times100+16$

其中「30×100」代表千位數與百位數是由5×6的乘積所組成。而「16」代表十位數與個位數是由8×2的乘積所組成。

玩出聰明左右腦 Question

【巧妙擺硬幣】如圖，每個點上都放有一枚硬幣。能否只改變一枚硬幣的位置，使其形成兩條直線，並讓每條直線上都各有4枚硬幣？

47

還是不太清楚這個方法的來龍去脈嗎？別擔心，王老師利用簡單的數學演算流程與圖像說明，帶你全盤了解印度數學的核心，讓你知其然、更知其所以然。

看完前面的速算範例，是不是覺得印度數學好簡單？打鐵趁熱，趕快運用剛學到的方法練習看看，熟能生巧，你會更快掌握這個訣竅喔！

全世界最多人都在學的印度速算法

而在範例2中，「$115-28=(100+15)-(30-2)=100+15-30+2=(100-30)+(15+2)$」，也是將運算化為簡單的整十數相減以及較小的剩餘數與補數相加。對一般人來說，加法運算比減法運算來得習慣且容易處理。

過關斬將

(1)65 − 29 ＝　　(2)93 − 45 ＝

(3)213 − 68 ＝　　(4)517 − 69 ＝

(5)426 − 278 ＝　　(6)982 − 593 ＝

(7)2816 − 377 ＝　　(8)4253 − 2716 ＝

叮嚀與提示

(1)在減法運算時，選擇整十、整百或整千數，要看被減數與減數的相對關係而定，原則上以能避免「借位」為原則。因此在練習時可以多試幾種拆分的方式，並逐步培養拆數字的敏銳度。

(2)數字相減時，如果沒有發生借位的情形，則不需要將數字拆解，直接運算即可。

(3)在數字拆解時，原則上被減數拆解成剩餘數，減數拆解成補數，可以形成加法，運算上可以降低失誤率。

玩出聰明左右腦 Question

【如何看到對方的臉？】有兩名女人，一位面向南，一位面向北站立。在不能回頭，不可走動，也不允許照鏡子的情況下，請問她們要如何看到對方的臉呢？

26

節末，王博士提供一些叮嚀與提示，魔鬼總是藏在細節裡，小心駛得萬年船，千萬不要因粗心大意而失去應得的分數！

19×19 乘法表

×	1	2	3	4	5	6	7	8	9	10	11	12	13	14	15	16	17	18	19
1	1	2	3	4	5	6	7	8	9	10	11	12	13	14	15	16	17	18	19
2	2	4	6	8	10	12	14	16	18	20	22	24	26	28	30	32	34	36	38
3	3	6	9	12	15	18	21	24	27	30	33	36	39	42	45	48	51	54	57
4	4	8	12	16	20	24	28	32	36	40	44	48	52	56	60	64	68	72	76
5	5	10	15	20	25	30	35	40	45	50	55	60	65	70	75	80	85	90	95
6	6	12	18	24	30	36	42	48	54	60	66	72	78	84	90	96	102	108	114
7	7	14	21	28	35	42	49	56	63	70	77	84	91	98	105	112	119	126	133
8	8	16	24	32	40	48	56	64	72	80	88	96	104	112	120	128	136	144	152
9	9	18	27	36	45	54	63	72	81	90	99	108	117	126	135	144	153	162	171
10	10	20	30	40	50	60	70	80	90	100	110	120	130	140	150	160	170	180	190
11	11	22	33	44	55	66	77	88	99	110	121	132	143	154	165	176	187	198	209
12	12	24	36	48	60	72	84	96	108	120	132	144	156	168	180	192	204	216	228
13	13	26	39	52	65	78	91	104	117	130	143	156	169	182	195	208	221	234	247
14	14	28	42	56	70	84	98	112	126	140	154	168	182	196	210	224	238	252	266
15	15	30	45	60	75	90	105	120	135	150	165	180	195	210	225	240	255	270	285
16	16	32	48	64	80	96	112	128	144	160	176	192	208	224	240	256	272	288	304
17	17	34	51	68	85	102	119	136	153	170	187	204	221	238	255	272	289	306	323
18	18	36	54	72	90	108	126	144	162	180	198	216	234	252	270	288	306	324	342
19	19	38	57	76	95	114	133	152	171	190	209	228	247	266	285	304	323	342	361

Chapter 1

計算機般的快速解題

相信大家對於加、減、乘、除的四則運算應該相當熟練，但是要如何算得快又算得正確，進而在考試時爭取寶貴的作答時間呢？看這裡就對了！首先，我們來對數字施展些魔法，看看神奇的技藝吧！

快速解題的精彩內容

❶ 加法運算

❷ 減法運算

❸ 乘法運算

❹ 除法運算

Chapter 1

1 加法運算

加法運算是學習四則運算的基礎，相信大家都耳熟能詳。但是遇到需要進位時，往往忘了進位；遇到多位數相加時，常常看了眼花而加錯。印度數學提供一些快速、有效的方法，我們來品味一下吧。Let's go ！

1-1　需要進位的加法運算

加法運算中，出現需要進位時，可以應用「補數」的觀念來進行處理。所謂的補數，就是一個數加上另外一數後，可以得到 10、20、100、200 等等整十、整百或整千時所加的數就是補數。我們來練習一下吧！

熱身練習

(1)77 ＋ 34 ＝

(2)19 ＋ 33 ＝

(3)57 ＋ 45 ＝

(4)68 ＋ 35 ＝

(5)128 ＋ 116 ＝

(6)528 ＋ 486 ＝

(7)1949 ＋ 1988 ＝

(8)2013 ＋ 1998 ＝

答對題數		作答時間	

利用速算法再試一次

(1)77 ＋ 34 ＝

(2)19 ＋ 33 ＝

(3)57 ＋ 45 ＝

(4)68 ＋ 35 ＝

(5)128 ＋ 116 ＝

(6)528 ＋ 486 ＝

(7)1949 ＋ 1988 ＝

(8)2013 ＋ 1998 ＝

答對題數		作答時間	

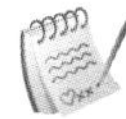

請你跟我這樣做

Step1 找出比較接近整十、整百或整千的數，並加上它的補數。

Step2 另一個加數減去這個補數。

Step3 將前兩步驟的得數相加即可。

範例1

77 ＋ 34 ＝？

① 77 比 34 較接近整十數，所以取 77 的補數為 3。

77 ＋（3）＝ 80

② 另一加數 34 減去補數。

34 －（3）＝ 31

③ 將前兩步驟的結果相加。

80 ＋ 31 ＝ 111

④ 所以 77 ＋ 34 ＝ 111

範例2

528 ＋ 486 ＝？

① 486 比 528 較接近整百數，所以取 486 的補數為 14。

486 ＋（14）＝ 500

② 另一加數 528 減去 14。

528 －（14）＝ 514

③ 將前兩步驟的結果相加。

500 ＋ 514 ＝ 1014

④ 所以 528 ＋ 486 ＝ 1014

玩出聰明左右腦 Question

【燃香計時】 有兩根粗細不一樣的香，已確定燃燒完的時間都是一個小時。用什麼方法可讓一根香燒完的時間是 45 分鐘呢？

範例3

2013 ＋ 1998 ＝？

① 1998 較接近整千數，所以取 1998 的補數為 2。

1998 ＋（2）＝ 2000

② 另一加數 2013 減去 2。

2013 －（2）＝ 2011

③ 將前兩步驟的結果相加。

2000 ＋ 2011 ＝ 4011

④ 所以 2013 ＋ 1998 ＝ 4011

打通任督二脈

(1)本節運用先加再減同一數，答案不變的原理：

設兩數為 a、b

a ＋ b ＝ a ＋ b ＋ c － c ＝（a ＋ c）＋（b － c）

上式中 a 變成 a ＋ c，符合步驟 ①；

b 變成 b － c，符合步驟 ②。

(2)如果上式中「a ＋ c」能成為整十數、整百數或整千數，計算會變得簡單快速，此時的「c」即為補數。

(3)加上補數成為整十、整百、整千數，如此**「化零為整」**，讓計算更為快速容易。

玩出聰明左右腦 Answer

將兩根香同時點燃，但其中一根要兩頭一起點。兩頭一起點的香燃盡時，時間正好過了半小時；只點一頭的香也正好燃燒半小時，剩下的半根還需要半小時。此時，再兩頭一起點，燃盡剩下香的所用時間為 15 分鐘。如此，兩根香全部燒完的時間便是 45 分鐘。

(4)我們也可以用圖形解釋，以「77 + 34 = ？」為例：

甲圖是 77 + 34

乙圖將 77 擴充 3，而 34 減少 3，總長度仍與甲圖一樣。

過關斬將

(1)79 + 53 =

(2)87 + 54 =

(3)92 + 19 =

(4)56 + 28 =

(5)106 + 98 =

(6)327 + 293 =

(7)7325 + 6992 =

(8)5049 + 2987 =

叮嚀與提示

(1)加法運算若沒有出現進位情形，則不需使用補數處理，直接計算即可。

(2)補數的選擇，要變成整十、整百或整千數，是依照題目運算方便為原則，讀者可以靈活轉變。隨著練習量的累積，定能更快掌握其要領。

玩出聰明左右腦 Question

【巧倒豆豆】 先將綠豆倒入袋子裡，用棉繩綁緊袋子的中間，接著倒進紅豆。然而，在沒有任何容器，也不能將豆子倒在地上或其他地方的情況下，要如何將綠豆移入另一個空袋子中呢？

1-2 多位數的加法運算

在進行兩位數以上的加法計算時，補數的方法依然適用。但由於位數較多，可以將數字分割成幾個單元，進行更有效率的運算。我們先來試試看吧！

熱身練習

(1)9993 + 5782 =

(2)295 + 364 =

(3)989 + 476 =

(4)596 + 4782 =

(5)1587 + 3268 =

(6)3824 + 4573 =

(7)9268 + 7384 =

(8)6539 + 3892 =

答對題數		作答時間	

利用速算法再試一次

(1)9993 + 5782 =

(2)295 + 364 =

(3)989 + 476 =

(4)596 + 4782 =

(5)1587 + 3268 =

(6)3824 + 4573 =

(7)9268 + 7384 =

(8)6539 + 3892 =

答對題數		作答時間	

玩出聰明左右腦 Answer

先把袋子上半部的紅豆全部倒入空袋子，解開袋上的繩子，並將它紮緊在已倒入紅豆的袋子上；接著把袋子的裡面向外翻，再把綠豆倒入袋子。這時候，把已倒空的袋子接在裝有紅豆和綠豆的袋子下面，將手伸進綠豆裡解開繩子，紅豆就會倒入空袋子中，另一個袋子就只剩綠豆了。

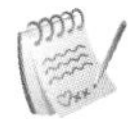

請你跟我這樣做

Step1 將數字從個位數開始，每兩個數字為一單元，將原數分隔開來。

Step2 進行數個兩位數的加法運算。

Step3 將各組得數相加即可。

範例1

1587 ＋ 3268 ＝？

① 將兩數均從個位數字開始，以兩個數字為單元分隔開來。

```
   [15][87]
 + [32][68]
 ──────────
```

② 將第一組兩位數字 87 及 68 相加，得數「155」中的百位數字「1」要進位。

```
    15 [87]
 +  32 [68]
 ──────────
      [1 55]
```

③ 再將第二組兩位數字 15 及 32 相加。

```
   [15] 87
 + [32] 68
 ──────────
      1 55
   [47]
```

玩出聰明左右腦 Question

【巧妙排隊】 要使 24 位學生站成 6 排，每排分別有 5 個人，應該怎麼站呢？

④ 最後兩組得數相加即可。

```
    15 87
+   32 68
---------
     1 55
    47
---------
    48 55
```

範例2

3824 + 4573 = ?

① 將兩數均從個位數開始，以兩個數字為單元分組。

```
    38 24
+   45 73
---------
```

② 將第一組兩位數字 24 及 73 相加。

```
    38 24
+   45 73
---------
       97
```

③ 將第二組兩位數字 38 及 45 相加。

```
    38 24
+   45 73
---------
       97
    83
```

玩出聰明左右腦 Answer

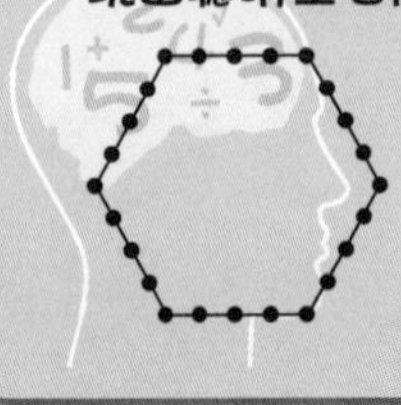

④ 最後將兩組得數相加即可。

```
    38 24
 +  45 73
 ---------
       97
    83
 ---------
    83 97
```

範例3

9268 ＋ 7384 ＝ ?

① 將兩數從個位數字開始，以兩個數字為單元分組。

```
    92 68
 +  73 84
 ---------
```

② 將第一組兩位數字 68 及 84 相加。

```
    92 68
 +  73 84
 ---------
     1 52
```

③ 再將第二組兩位數字 92 及 73 相加。

```
     92 68
 +   73 84
 ----------
      1 52
   165
```

玩出聰明左右腦 Question

【拼 11】 請用 3 根火柴拼出兩種「11」的寫法。

④最後將兩組得數相加即可。

```
   92 68
+  73 84
--------
    1 52
  165
--------
  166 52
```

打通任督二脈

⑴熱身練習第 1 到第 4 題，可以用補數的觀念輕鬆解題。而第 5 到第 8 題，可以再用分割成兩個單元的方式進行整合運算。

⑵每單元的兩位數相加，若得數為三位數時，百位數要進位。

過關斬將

⑴9582 ＋ 7435 ＝

⑵3671 ＋ 5029 ＝

⑶1587 ＋ 4962 ＝

⑷4993 ＋ 7292 ＝

⑸8173 ＋ 6129 ＝

⑹326 ＋ 5712 ＝

⑺635 ＋ 7095 ＝

⑻261374 ＋ 592807 ＝

玩出聰明左右腦 Answer

XI 或 十一

叮嚀與提示

⑴將數字拆解分組計算時，要注意**數字位置要對齊**，以免最後加總時，因對錯位置而算錯。尤其是四位數以上的加法運算時，更要留意。

⑵數字拆解成兩位數是為了方便能快速計算，也可視情況拆解成三位數或其他位數運算，以便利性與正確性為原則。

玩出聰明左右腦 Question

【熊的顏色】 有一口井，深約 20 公尺。一隻熊從井口跌到井底只花了 2 秒鐘。請問這隻熊的顏色為何？（此題為美國「明尼蘇達大學」之經典智力測驗試題。）

Chapter 1

② 減法運算

減法運算常常在需要借位時不小心算錯，「補數」的觀念是很好的解決方法。在整十、整百、整千數的減法運算中，補數也扮演了重要角色，且看後面的分析！

2-1　需要借位的減法運算

減法運算出現需要借位時，也可以用補數的觀念解題。將被減數或是減數加上補數，使尾數為 0，一樣可以正確有效率地得到答案。以下我們先熱身練習一下吧！

熱身練習

(1)82 － 56 ＝

(2)74 － 38 ＝

(3)115 － 28 ＝

(4)824 － 356 ＝

(5)715 － 429 ＝

(6)563 － 158 ＝

(7)911 － 319 ＝

(8)139 － 86 ＝

答對題數		作答時間	

利用速算法再試一次

(1)82 － 56 ＝

(2)74 － 38 ＝

(3)115 － 28 ＝

(4)824 － 356 ＝

(5)715 － 429 ＝

(6)563 － 158 ＝

(7)911 － 319 ＝

(8)139 － 86 ＝

答對題數		作答時間	

玩出聰明左右腦 Answer

這隻熊是白色。根據地心引力原理，離地心愈近，其地球引力愈大。只有在北極與南極，熊才能在 2 秒鐘的時間裡落下 20 公尺，這在其他地方是不可能完成的。而南極沒有熊，北極只有一種北極熊，所以這隻熊是白色。

請你跟我這樣做

Step1 將被減數拆成整十、整百或整千數，以及剩餘的數。

Step2 將減數拆成整十、整百或整千數，以及補數。

Step3 將前兩步驟中，整十、整百或整千數相減，剩餘數及補數相加。

Step4 將步驟 3 的兩個得數相加即可。

範例1

82 − 56 = ?

① 將被減數 82 分成整十數 80 及**剩餘數 2**。

82 = 80 + 2

② 將減數 56 分成整十數 60 及**補數 4**。

56 = 60 − 4

③ 將整十數**相減**，剩餘數及補數**相加**。

80 − 60 = 20，2 + 4 = 6

④ 將步驟 ③ 的兩個得數相加。

20 + 6 = 26

範例2

115 − 28 = ?

① 將被減數 115 分成整百數 100 及**剩餘數 15**。

115 = 100 + 15

② 將減數 28 分成整十數 30 及**補數 2**。

28 = 30 − 2

玩出聰明左右腦 Question

【洞中捉鳥】 強強在捕鳥時，發現一隻小鳥飛進洞裡躲起來。這個洞非常狹窄，手根本伸不進去；但若用樹枝戳的話，又會傷害到小鳥。請想一個簡單方法，讓小鳥能自動出來。

③ 將整百與整十數**相減**，剩餘數與補數**相加**。

100 － 30 ＝ 70，15 ＋ 2 ＝ 17

④ 將步驟 ③ 的兩個得數相加。

70 ＋ 17 ＝ 87

範例3

715 － 429 ＝？

① 將被減數 715 分成整百數 700 及**剩餘數 15**。

715 ＝ 700 ＋ 15

② 將減數 429 分成整百數 500 及**補數 71**。

429 ＝ 500 － 71

③ 將兩個整百數**相減**，剩餘數及補數**相加**。

700 － 500 ＝ 200，15 ＋ 71 ＝ 86

④ 將步驟 ③ 的兩個得數相加。

200 ＋ 86 ＝ 286

打通任督二脈

在範例中，被減數與減數都有取整十、整百或整千數，但不同的是**被減數**另外**取剩餘的數**，而**減數取補數**。其原因如下：

範例 1 中，「82 － 56 ＝（80 ＋ 2）－（60 － 4）＝ 80 ＋ 2 － 60 ＋ 4 ＝（80 － 20）＋（2 ＋ 4）」，運算成為簡單的整十數相減，以及較小的剩餘數與補數相加。也就是說，將需借位的減法轉換成加法，達成快速計算的目標。

玩出聰明左右腦 Answer

可用沙子慢慢將洞灌滿，小鳥便會因為沙子的增多而往洞口移動。

而在範例 2 中，「115 － 28 ＝（100 ＋ 15）－（30 － 2）＝ 100 ＋ 15 － 30 ＋ 2 ＝（100 － 30）＋（15 ＋ 2）」，也是將運算化為簡單的整十數相減以及較小的剩餘數與補數相加。對一般人來說，加法運算比減法運算來得習慣且容易處理。

過關斬將

(1)65 － 29 ＝

(2)93 － 45 ＝

(3)213 － 68 ＝

(4)517 － 69 ＝

(5)426 － 278 ＝

(6)982 － 593 ＝

(7)2816 － 377 ＝

(8)4253 － 2716 ＝

叮嚀與提示

(1)在減法運算時，選擇整十、整百或整千數，要看被減數與減數的相對關係而定，原則上以能**避免「借位」為原則**。因此在練習時可以多試幾種拆分的方式，並逐步培養拆數字的敏銳度。

(2)數字相減時，如果沒有發生借位的情形，則不需要將數字拆解，直接運算即可。

(3)在數字拆解時，原則上被減數拆解成剩餘數，減數拆解成補數，可以**形成加法**，運算上可以降低失誤率。

玩出聰明左右腦 Question

【如何看到對方的臉？】 有兩名女人，一位面向南，一位面向北站立。在不能回頭，不可走動，也不允許照鏡子的情況下，請問她們要如何看到對方的臉呢？

2-2 整十、整百、整千的減法運算

運用 10、100、1000 或更高位 10 的次方做減法運算時，可以從位數的左邊開始計算，運算到最右邊為止。我們先自我測試一下吧！

熱身練習

(1)100 － 32 ＝

(2)100 － 56 ＝

(3)500 － 98 ＝

(4)1000 － 372 ＝

(5)3000 － 614 ＝

(6)10000 － 729 ＝

(7)50006 － 34821 ＝

(8)2999 － 1326 ＝

答對題數		作答時間	

利用速算法再試一次

(1)100 － 32 ＝

(2)100 － 56 ＝

(3)500 － 98 ＝

(4)1000 － 372 ＝

(5)3000 － 614 ＝

(6)10000 － 729 ＝

(7)50006 － 34821 ＝

(8)2999 － 1326 ＝

答對題數		作答時間	

玩出聰明左右腦 Answer

一位面向南，一位面向北彼此面對面站立便能看到對方的臉。若認為兩個人是背對背而立，那就得不到答案。解題關鍵在於轉換思考模式，兩個面對對方站立的人，對彼此而言也同樣是「一個面向南，一個面向北站立」。

請你跟我這樣做

Step1 將被減數（整十、整百或整千數）最左邊數字減少 1。

Step2 將被減數最右邊的數字由 0 改成 10。

Step3 中間所有的數字「0」都改成「9」。

Step4 再將此調整後的被減數重新運算即可。

範例1

100 － 32 ＝？

① 將被減數最左邊的數字 1 減少 1，視同直接去除。

② 將被減數的個位數字 0 改成 10。

③ 將被減數的十位數字 0 改成 9。

④ 即成如下的運算：

$$\begin{array}{rrr} & & 1 \\ & 9 & 0 \\ - & 3 & 2 \\ \hline & 6 & 8 \end{array}$$

運算結果的**十位數字**＝ 9 － 3 ＝ 6

個位數字＝ 10 － 2 ＝ 8

範例2

500 － 98 ＝？

① 將被減數的百位數字 5 減少 1 成為 4。

② 將被減數的個位數字 0 改成 10。

玩出聰明左右腦 Question

【天氣預報】 天氣預報：「今天半夜 12 點會下雨。」則再過 72 小時後，會出現太陽嗎？

③將被減數的十位數字 0 改成 9。

④即成如下的運算：

```
      1
  4 9 0
-   9 8
-------
  4 0 2
```

運算結果的百位數字直接下降而得 4

十位數字＝ 9 － 9 ＝ 0

個位數字＝ 10 － 8 ＝ 2

範例3

3000 － 614 ＝？

①將被減數的千位數字 3 減少 1 成為 2。

②將被減數的個位數字 0 改成 10。

③將被減數的百位及十位數字 0 改成 9。

④即成如下的運算：

```
        1
  2 9 9 0
-   6 1 4
---------
  2 3 8 6
```

運算結果的千位數字直接下降而得 2

百位數字＝ 9 － 6 ＝ 3

十位數字＝ 9 － 1 ＝ 8

個位數字＝ 10 － 4 ＝ 6

玩出聰明左右腦 Answer

直線思考者通常會隨著題目敘述，回答「不知道」、「可能會出太陽」等答案。但此題必須考慮到地理情況。意即假設是發生在極圈的話，就會出現太陽；但若是其他地區，由於再過 72 小時後，也就是 3 個晝夜，又是半夜 12 點，因此太陽是不會出現的。

打通任督二脈

整十、整百、整千的減法運算，概念仍是來自補數，我們看看以下例子：

①37 ＋ 63 ＝ 100

②852 ＋ 148 ＝ 1000

③3419 ＋ 6581 ＝ 10000

④7392 ＋ 1608 ＝ 9000

我們可以發現：在第①、②、③例中，**個位數字相加均為 10，十位、百位、千位數字相加均為 9**，分別得到 100、1000、10000 的得數。在第④例中，**個位數字相加為 10，十位及百位數字相加為 9，千位數字相加為 8**，結果形成得數的千位數進 1 成為 9000 的整千數（8 ＋ 1 ＝ 9），正好符合「請你跟我這樣做」的步驟①到步驟③的原理。依據這些概念，很快可以知道 37 是 63 的補數，852 是 148 的補數，3419 是 6581 的補數。

過關斬將

(1) 100 － 78 ＝

(2) 100 － 59 ＝

(3) 300 － 129 ＝

(4) 1000 － 528 ＝

(5) 4000 － 1056 ＝

(6) 5000 － 313 ＝

(7) 10006 － 4012 ＝

(8) 6000 － 818 ＝

玩出聰明左右腦 Question

【狹路相逢】 河上有一座獨木橋，只能容許一個人通過。此時，有兩人來到橋頭，一位從南來，一名向北去，想要同時過橋的話，該如何通過呢？

叮嚀與提示

⑴本節的觀念也可以用在不是整十、整百或整千的減法中，舉例來說，「624 － 85 ＝？」我們可以先求85的補數：十位數8要加1才會等於9，個位數5要加5才會等於10，所以85的補數為15。「624 － 85 ＝ 624 －（100 － 15）＝ 624 － 100 ＋ 15 ＝ 524 ＋ 15 ＝ 539」

⑵對於「10000 － 5278 ＝？」的算法，學校老師通常要我們由右邊的個位開始借位運算，再擴及至最左邊，而本節的方法，是由最左邊算至最右邊。**「由左而右」的運算**，往往比學校教的**「由右而左」的運算便捷且快速許多**。

⑶如果被減數接近整十、整百或整千數時，可以先當作是整十、整百或整千，運算好之後再加上（或減去）差額。

例1：50006 － 34821 ＝？

50006 － 34821 ＝（50000 ＋ 6）－ 34821
＝ 50000 － 34821 ＋ 6
＝ 15179 ＋ 6
＝ 15185

例2：2999 － 1326 ＝？

2999 － 1326 ＝（3000 － 1）－ 1326
＝ 3000 － 1326 － 1
＝ 1674 － 1
＝ 1673

玩出聰明左右腦 Answer

「從南來」和「向北去」是指同一方向，因此他們可以一前一後地過橋。此道題目運用文字敘述的巧妙及慣性思維，使許多人無法跳出制式思考。

Chapter 1

③ 乘法運算

印度數學在乘法運算中發揮得淋漓盡致，解題速度快速到「秒殺」，許多的解題技巧更是令人拍案叫絕。相信讀者看過後，計算功力必然提升，讓我們繼續看下去！

3-1 11段乘法運算

你能在短短幾秒內，心算出 52×11、382×11 以及 5621×11 的結果嗎？印度數學的神奇祕技，簡簡單單的幾個步驟，讓你憑空變出答案來。相信我，你連紙筆都不用準備，答案瞬間浮現！

熱身練習

(1)12×11 ＝

(2)23×11 ＝

(3)49×11 ＝

(4)53×11 ＝

(5)98×11 ＝

(6)106×11 ＝

(7)2523×11 ＝

(8)6478523×11 ＝

答對題數		作答時間	

利用速算法再試一次

(1)12×11 ＝

(2)23×11 ＝

(3)49×11 ＝

(4)53×11 ＝

(5)98×11 ＝

(6)106×11 ＝

(7)2523×11 ＝

(8)6478523×11 ＝

答對題數		作答時間	

玩出聰明左右腦 Question

【急速飛車】 有一輛轎車，在全程的最初 30 秒內，以時速 150 公里行駛，為了讓平均時速維持在 60 公里，接下來行駛的 30 秒，時速應該是多少呢？

請你跟我這樣做

Step1 將與 11 相乘的數留下首位和末位數字並拉大間距，在中間留下空格。

Step2 將與 11 相乘的數之左右相鄰的兩個數字相加。

Step3 加好的得數依序填入空格中。

範例1

53×11 ＝？

① 先將 5 和 3 兩個數字間距拉大，並空一空格出來。

5 □ 3

② 將空格左右相鄰的 5 和 3 相加。

5 ＋ 3 ＝ 8

③ 得數 8 填入空格中，答案現身！

583

範例2

68×11 ＝？

① 將 6 和 8 兩個數字間距拉大，空一格空格。

6 □ 8

② 將空格左右相鄰的 6 和 8 相加

6 ＋ 8 ＝ 14

③ 得數 14 填入空格中，但由於 14 ＞ 9，因此百位進 1。

6 [14] 8

玩出聰明左右腦 Answer

無法確定。由於題目並無提及全程距離，因而無法得知時速。

④ 百位數 6 加 1，最後求出得數。

6 [14] 8 → 748

打通任督二脈

若多位數與 11 相乘時，只要將數字拆開留下空格，兩邊相加的數填入空格中，亦即「兩邊一拉，中間一加」，就可以輕易求解。如果相加的數大於 9，記得往高位數進位，請看以下範例。

範例3

5867×11 ＝？

① 寫下首位數 5 和末位數 7，並在兩數字之間留下 3 個空位。

5 □□□ 7

② 將 5867 各個相鄰的兩數字依序相加：

5 ＋ 8 ＝ 13

8 ＋ 6 ＝ 14

6 ＋ 7 ＝ 13

③ 得數依序**由左而右**填入空格中。

5 [13] [14] [13] 7

④ 得數大於 9 者進位：

5 ＋ 1 ＝ 6 …………萬位數字

3 ＋ 1 ＝ 4 …………千位數字

4 ＋ 1 ＝ 5 …………百位數字

⑤ 答案求出！

64537

玩出聰明左右腦 Question

【趣味字謎】 下列有一道字謎，請猜出一個字。

去掉上面是個字，去掉下面也是字；

去掉中間還是字，去掉上下仍是字。

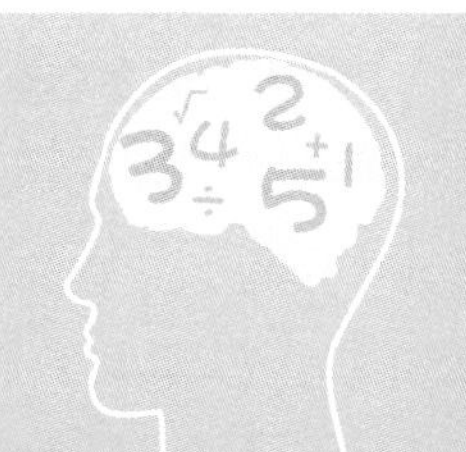

範例4

39825×11 ＝？

①將首位數 3 及末位數 5 寫下，並在兩數字之間留下 4 個空格。

3□□□□5

②將 39825 各個相鄰的兩數字依序相加：

3 ＋ 9 ＝ 12

9 ＋ 8 ＝ 17

8 ＋ 2 ＝ 10

2 ＋ 5 ＝ 7

③得數依序**由左而右**填入空格中：

3 [12] [17] [10] [7] 5

④得數大於 10 者進位：

3 ＋ 1 ＝ 4 …………十萬位數字

2 ＋ 1 ＝ 3 …………萬位數字

7 ＋ 1 ＝ 8 …………千位數字

⑤答案求出！

438075

玩出聰明左右腦 Answer

章。

打通任督二脈

⑴在範例 1 中，「53×11」以直式運算來看，虛線中的 8 正好是首位數 5 ＋末位數 3 得來的。

```
    5 3
×   1 1
-------
    5 3
  5 3
-------
  5 8 3
```

⑵在範例 3 中，「5867×11」以直式運算來看，虛線中的運算及進位，正好是相鄰兩數字依序相加且進位而得。

```
    5 8 6 7
×       1 1
-----------
    5 8 6 7
  5 8 6 7
-----------
   1 1 1
  5 3 4 3 7
  ↓ ↓ ↓ ↓ ↓
  6 4 5 3 7
```

玩出聰明左右腦 Question

【不落地的蘋果】 一條長約 3 公尺左右的線，一端繫上蘋果，另一端則綁在樹枝上，使蘋果懸掛著。請問，該如何從中間剪斷這條線，並保證蘋果不會落地呢？

過關斬將

(1)42×11 ＝　　　　(2)78×11 ＝

(3)539×11 ＝　　　　(4)705×11 ＝

(5)3997×11 ＝　　　　(6)4512×11 ＝

(7)50702×11 ＝　　　　(8)36429×11 ＝

叮嚀與提示

(1)在運算中，一開始**預留的空格數，正好是原數字的間隔數**。舉例來說，一個五位數「abcde」，從 a 到 e 間有 4 個間隔，所以預留 4 個空格。

a　b　c　d　e
　↑　↑　↑　↑

(2)遇到要進位的乘法時，可以如下列所示範的例子進行，更為簡捷明確。

「5867×11 ＝？」

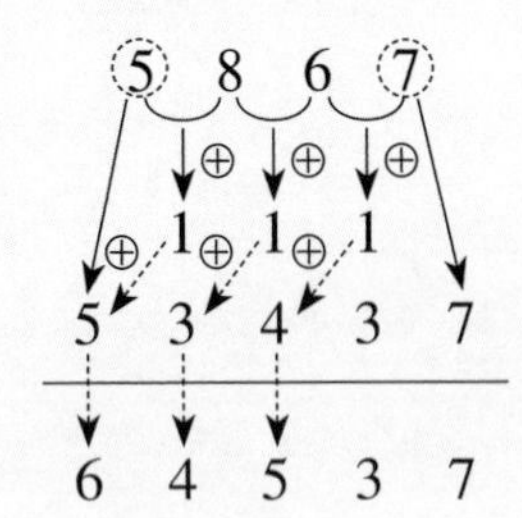

要進位的數，依虛線與左下的數相加即可

玩出聰明左右腦 Answer

線的中間打一個活結，使活結旁多出一條線圈，從線圈中間剪斷，蘋果便不會落下。

3-2 個位數是5的自乘運算

你是否有過「題目一出，答案即現」的暢快經驗！個位數是5的兩位數自乘，就可以體現這種感覺。而二位數以上的自乘也只要稍加運算，答案即出！

熱身練習

(1)35×35 =

(2)75×75 =

(3)15×15 =

(4)65×65 =

(5)105×105 =

(6)125×125 =

(7)215×215 =

(8)315×315 =

答對題數		作答時間	

利用速算法再試一次

(1)35×35 =

(2)75×75 =

(3)15×15 =

(4)65×65 =

(5)105×105 =

(6)125×125 =

(7)215×215 =

(8)315×315 =

答對題數		作答時間	

玩出聰明左右腦 Question

【連點方法】 請一筆畫出4條直線連接圖中9個點。

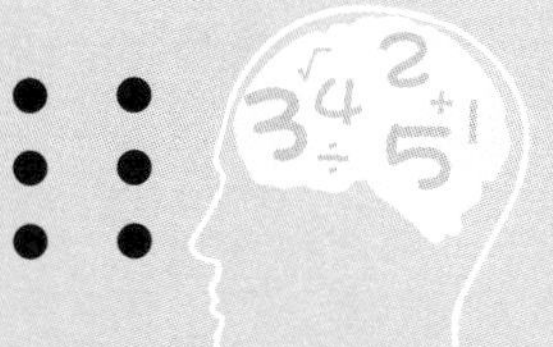

請你跟我這樣做

Step1 十位數字乘以比十位數大 1 的數。

Step2 個位數的 5 自乘一次。

Step3 將步驟 1 與步驟 2 的得數，由左而右依序寫出即可。

範例1

$35 \times 35 = ?$

① 十位數的 3 乘以比 3 大 1 的數 4。

$3 \times 4 = 12$

② 個位數 5 自乘一次。

$5 \times 5 = 25$

③ 前兩步驟的得數，由左而右依序寫出。

1225

範例2

$75 \times 75 = ?$

① 十位數的 7 乘以比 7 大 1 的數 8。

$7 \times 8 = 56$

② 個位數的 5 自乘一次。

$5 \times 5 = 25$

③ 前兩步驟的得數，由左而右依序寫出。

5625

玩出聰明左右腦 Answer

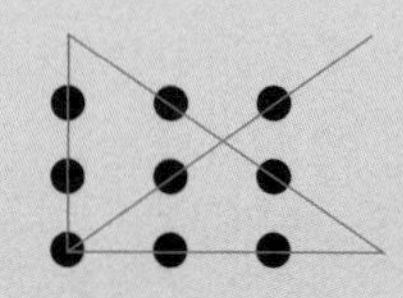

以上兩範例是否神速般的算出呢？若是兩位數以上的自乘，方法及步驟是一樣的。請看以下的範例：

範例3

105×105 ＝？

① 將百位數及十位數字看成一數 10，再乘以比 10 大 1 的數 11。

10×11 ＝ 110

② 個位數 5 自乘一次。

5×5 ＝ 25

③ 將前兩步驟的得數，由左而右依序寫出。

11025

範例4

215×215 ＝？

① 將百位數及十位數字看成一數 21，再乘以比 21 大 1 的數 22。

21×22 ＝ 462

② 個位數的 5 自乘一次。

5×5 ＝ 25

③ 將前兩步驟的得數，由左而右依序寫出。

46225

玩出聰明左右腦 Question

【正反都相同的年份】 哪一年的年份寫在紙上，再把它顛倒過來看，仍然是該年的年份呢？

打通任督二脈

我們以範例 1「35×35 ＝？」為例，利用數學原理與圖形轉換兩種方式說明：

⑴數學原理說明：

$$35\times35=(30+5)\times(30+5)$$
$$=30^2+2\times5\times30+5^2=30^2+10\times30+25$$
$$=30\times(30+10)+25$$
$$=30\times40+25$$
$$=3\times4\times100+25$$
$$=12\times100+25$$

其中「12×100」代表千位數與百位數是由 3×4 的乘積所組成，而「25」代表十位數與個位數是由 5 的自乘所組成。

⑵圖形轉換原理說明（我們以正方形面積的增減來解釋）：

①畫一個邊長為 35 單位的正方形，並在其中相鄰兩邊做出 30 單位及 5 單位的分割線（所有長度皆為示意顯示，非原尺寸）。

②將右側 30×5 的長方形（舖色部分）移轉至下方相同尺寸的長方形下方，併攏對齊。則將形成一個 30×40 的大長方形，與 5×5 的小正方形。

③大長方形面積＝ 30×40 ＝ 1200

小正方形面積＝ 5×5 ＝ 25

∴總面積＝大長方形面積＋小正方形面積

＝ 1200 ＋ 25 ＝ 1225

玩出聰明左右腦 Answer

1961。

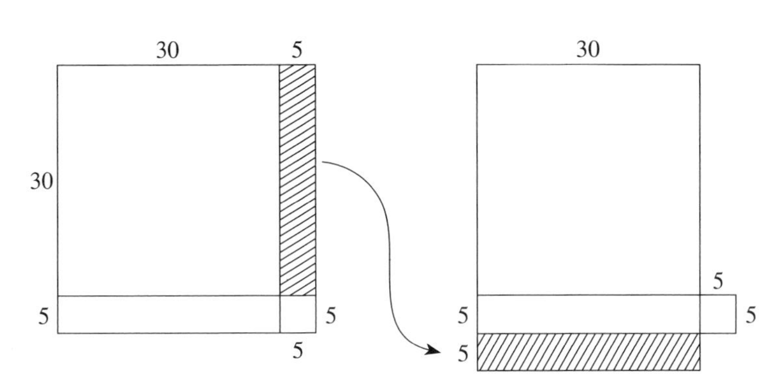

④大長方形面積中的「30×40」符合「請你跟我這樣做」的步驟①，而小正方形面積中的「5×5」符合步驟②的說明。

過關斬將

(1)25×25 ＝

(2)95×95 ＝

(3)55×55 ＝

(4)85×85 ＝

(5)45×45 ＝

(6)165×165 ＝

(7)275×275 ＝

(8)405×405 ＝

玩出聰明左右腦 Question

【哪杯冷得快？】 在同樣條件下，將兩杯不同溫度的牛奶放到冰箱裡，溫度高與溫度低的牛奶，哪杯冷得快呢？

叮嚀與提示

(1)本節所提的方法可當做基本型，其他的數字相乘的方法，會依照不同類型有其對應的原則，我們會在後面依序介紹。

(2)用數學算式的證明與圖形面積的分析，均與答案吻合，也說明了印度數學的神奇妙用。

(3)本節也可以看成個位數為 5 的平方運算。

玩出聰明左右腦 Answer

溫度高的一杯冷得快，此為「姆潘巴現象」(Mpemba Effect)。冷卻的快慢不是由液體的平均溫度判斷，而是由液體表面與底部的溫度差決定。熱牛奶急速冷卻時，此種溫度差較大，而且在全部凍結前的降溫過程中，熱牛奶的溫度差會一直大於溫牛奶的溫度差。因此表面的溫度愈高，其散發的熱量則愈多，降溫也愈快。

3-3 十位數相同，個位數相加為10的乘法運算

上一節我們體驗了不假思索的速度感，本節依然如此！在兩位數的題目出現時，答案可以直接瞬間解出。我們先來練習一下吧！

熱身練習

(1)58×52 =

(2)64×66 =

(3)39×31 =

(4)72×78 =

(5)83×87 =

(6)16×14 =

(7)92×98 =

(8)27×23 =

答對題數		作答時間	

利用速算法再試一次

(1)58×52 =

(2)64×66 =

(3)39×31 =

(4)72×78 =

(5)83×87 =

(6)16×14 =

(7)92×98 =

(8)27×23 =

答對題數		作答時間	

玩出聰明左右腦 Question

【10 條變 9 條的魔法】 有 10 條間隔相等的平行線，在不能添加線的情況下，如何使其變成 9 條呢？

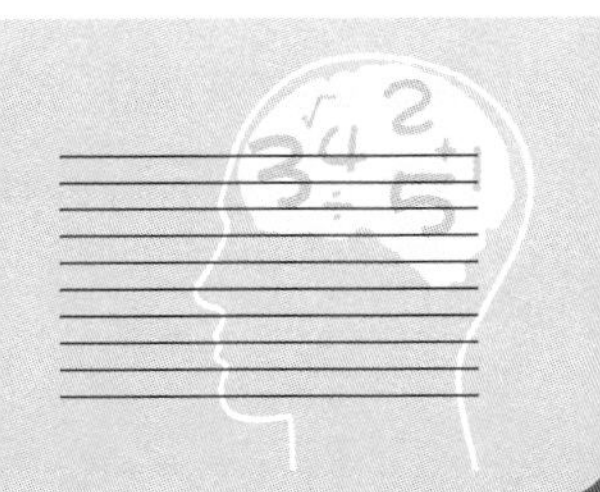

請你跟我這樣做

Step1 十位數字與比它大 1 的數字相乘。

Step2 兩數的個位數字相乘。

Step3 兩步驟的得數，由左而右依序寫出即可。

範例1

58×52 ＝？

① 將十位數字的 5 與比 5 大 1 的數 6 相乘。

5×6 ＝ 30

② 兩數的個位數字相乘。

8×2 ＝ 16

③ 將前兩步驟的得數，由左而右依序寫在一起。

3016

範例2

39×31 ＝？

① 將十位數字的 3 與比 3 大 1 的數 4 相乘。

3×4 ＝ 12

② 兩數的個位數字相乘。

9×1 ＝ 9

③ 由於 9 不是兩位數，所以記成「09」。

④ 將步驟 ①、③ 的得數，由左而右依序寫在一起。

1209

玩出聰明左右腦 Answer

將圖中的平行線沿對角線切割，把右半部沿切口往下移一條線，就變成 9 條。

範例3

$92\times98=?$

① 將十位數字的 9 與比 9 大 1 的 10 相乘。

$9\times10=90$

② 兩數的個位數字相乘。

$2\times8=16$

③ 將前兩步驟的得數，由左而右依序寫在一起。

9016

打通任督二脈

本節運算原理跟前一節類似，我們也分數學運算推論與圖形增補轉換兩種方式說明，以「$58\times52=?$」為例：

⑴數學運算方面：

$$\begin{aligned}58\times52&=(50+8)\times(50+2)\\&=50^2+2\times50+8\times50+8\times2\\&=50\times(50+2+8)+8\times2\\&=50\times60+8\times2\\&=5\times6\times100+16\\&=30\times100+16\end{aligned}$$

其中「30×100」代表千位數與百位數是由 5×6 的乘積所組成。

而「16」代表十位數與個位數是由 8×2 的乘積所組成。

玩出聰明左右腦 Question

【巧妙擺硬幣】 如圖，每個點上都放有一枚硬幣。能否只改變一枚硬幣的位置，使其形成兩條直線，並讓每條直線上都各有 4 枚硬幣？

⑵圖形轉換方面（我們用長方形面積的增減來說明）：

① 畫一個長為 58 單位、寬 52 單位的長方形（所有長度皆為示意顯示）。

② 長邊以分格線分成 50 及 8 單位，短邊也以分格線分成 50 及 2 單位。

③ 將右側 50×2 的長方形（斜線部分）移轉至下方 50×8 的長方形下方，併攏對齊。此時形成一個 50×60 的大長方形與一個 8×2 的小長方形。

④ 總面積＝大長方形面積＋小長方形面積

$$= 50\times60 + 8\times2$$

$$= 3016$$

⑤ 大長方形面積「50×60」符合「請你跟我這樣做」的步驟 ①，而小長方形面積「8×2」符合步驟 ② 的說明。

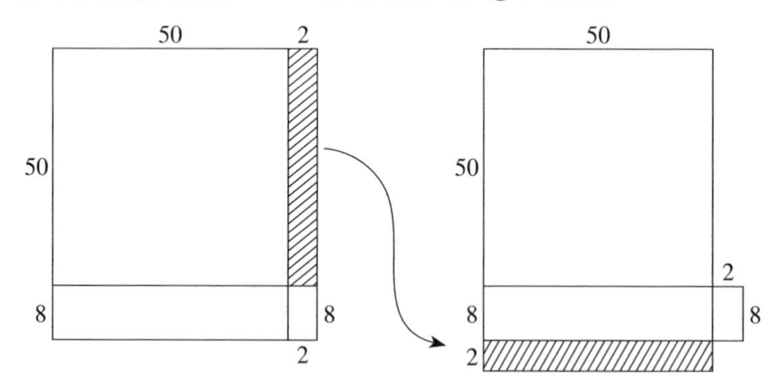

玩出聰明左右腦 Answer

將最右邊的硬幣疊放在左上角的那枚硬幣上，即可橫線、直線都有 4 枚。

過關斬將

⑴36×34 ＝

⑵18×12 ＝

⑶29×21 ＝

⑷53×57 ＝

⑸42×48 ＝

⑹81×89 ＝

⑺97×93 ＝

⑻67×63 ＝

叮嚀與提示

⑴兩數的個位數相乘時，若乘積小於10（1與9相乘小於10），要在十位數補「0」。

⑵本節與上節的方法也可以併用，因為兩數的個位數是5時，相加也正好是10。

玩出聰明左右腦 Question

【倒硫酸】 一個形狀不規則的透明玻璃瓶，瓶身只標示5公升、10公升兩個刻度，並且裝了8公升的硫酸；現在需要倒出5公升，但其他的瓶子都沒有刻度，硫酸的腐蝕性又強，請問有什麼辦法可一次就準確倒出需要的量呢？

3-4　十位數相同，個位數為任意數的乘法運算

我們練習過個位數字相加為 10 的快速運算，但個位數相加為其他數時，要如何運算呢？先用你自己的計算方式試試看吧！

熱身練習

(1)16×18 =

(2)13×16 =

(3)21×25 =

(4)29×22 =

(5)38×31 =

(6)56×57 =

(7)93×95 =

(8)72×75 =

答對題數		作答時間	

利用速算法再試一次

(1)16×18 =

(2)13×16 =

(3)21×25 =

(4)29×22 =

(5)38×31 =

(6)56×57 =

(7)93×95 =

(8)72×75 =

答對題數		作答時間	

玩出聰明左右腦 Answer

將大小不同的玻璃球放進瓶裡，使液面升到刻度 10 公升處；接著往外倒至 5 公升的刻度。此為利用玻璃球不會被硫酸腐蝕，又能增加液體體積的特點。

請你跟我這樣做

Step1 將被乘數加上乘數的個位數字。

Step2 再將步驟 1 的數乘以十位數的整十數（11 ～ 19 間乘以 10，21 ～ 29 間乘以 20，31 ～ 39 間乘以 30，以此類推）。

Step3 兩數的個位數字相乘。

Step4 將步驟 2 及步驟 3 的得數相加即可。

範例1

16×18 ＝？

① 被乘數 16 與乘數的個位數字 8 相加。

16 ＋ 8 ＝ 24

② 再乘以整十數 10。

24×10 ＝ 240

③ 兩數的個位數字相乘。

6×8 ＝ 48

④ 步驟 ② 與步驟 ③ 的得數相加。

240 ＋ 48 ＝ 288

範例2

56×57 ＝？

① 被乘數 56 與乘數的個位數字 7 相加。

56 ＋ 7 ＝ 63

② 再乘以整十數 50。

63×50 ＝ 3150

玩出聰明左右腦 Question

【勝利的祕訣】 桌上放著 15 枚硬幣，阿智和小芸輪流取走若干枚。規則是每人每次至少取 1 枚，最多取 5 枚，誰拿走最後一枚就能贏得全部硬幣。請問，阿智應該如何取硬幣才能保證勝利呢？

③ 兩數的個位數字相乘。

6×7 ＝ 42

④ 步驟 ② 與步驟 ③ 的得數相加。

3150 ＋ 42 ＝ 3192

範例3

21×25 ＝？

① 將被乘數 21 與乘數的個位數字 5 相加。

21 ＋ 5 ＝ 26

② 再乘以整十數 20。

26×20 ＝ 520

③ 兩數的個位數字相乘。

1×5 ＝ 5

④ 步驟 ② 與步驟 ③ 的得數相加。

520 ＋ 5 ＝ 525

打通任督二脈

我們仍然可用數學運算及圖形轉換解釋原理。以「56×57 ＝？」為例說明：

(1)數學運算方法：

$$56\times57 = (50+6)\times(50+7)$$
$$= 50^2 + 50\times6 + 50\times7 + 6\times7$$
$$= (50+6+7)\times50 + 6\times7$$

玩出聰明左右腦 Answer

由於 3 的倍數是 15，只要阿智第一個拿走桌上的 3 枚硬幣便一定能贏。

$=(56+7)\times 50+42$

$=63\times 50+42$

$=3192$

符合「請你跟我這樣做」的步驟說明。

⑵圖形轉換方面：

①畫一個長 56 單位、寬 57 單位的長方形（所有長度皆為示意表示）。

②長邊以分格線分成 50 及 7 單位，短邊以分格線分成 50 及 6 單位。

③將右側 50×7 的長方形（斜線部分）移轉至下方 50×6 的長方形下方，併攏對齊。形成一個（56 + 7）×50 的大長方形與 6×7 的小長方形。

④總面積＝$(56+7)\times 50+6\times 7=3192$

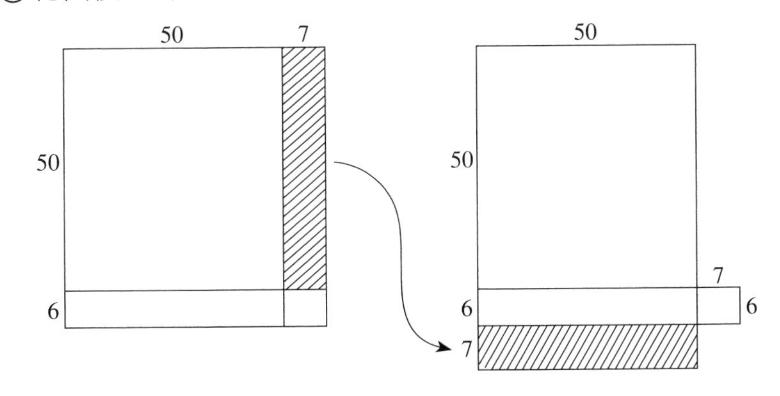

玩出聰明左右腦 Question

【沒有方位的房子】 地球上有一間房子，當你在房子周圍走一圈，要確定東、西、南、北的方位時，卻發現無論走到哪裡都是一樣。究竟，這間房子位於何處呢？

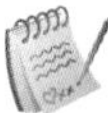

延伸其他作法

對於十位數相同的乘法，印度數學還有另一套解法，請看以下步驟以及範例說明：

Step1 兩數的**整十數相乘**。

Step2 兩數的**個位數相加**，**再乘以整十數**。

Step3 兩數的**個位數相乘**。

Step4 將上述步驟的得數相加即可。

範例4

29×22＝？

① 兩數的整十數相乘。

20×20＝400

② 個位數相加，再乘以整十數。

（9＋2）×20＝220

③ 個位數相乘。

9×2＝18

④ 以上步驟的得數相加。

400＋220＋18＝638

範例5

93×95＝？

① 兩數的整十數相乘。

90×90＝8100

玩出聰明左右腦 Answer

北極或南極。

② 個位數相加，再乘以整十數。

（3 ＋ 5）×90 ＝ 720

③ 個位數相乘。

3×5 ＝ 15

④ 上述步驟的得數相加。

8100 ＋ 720 ＋ 15 ＝ 8835

打通任督二脈

同樣地，我們也可以從數學算式以及圖形判斷來解釋原理。以「93×95 ＝？」為例：

⑴數學算式：

93×95 ＝（90 ＋ 3）×（90 ＋ 5）

＝ 90×90 ＋ 3×90 ＋ 5×90 ＋ 3×5

＝ 90×90 ＋（3 ＋ 5）×90 ＋ 15 ＝ 8835

上面算式中，對照「延伸其他作法」中的步驟：

90×90……………………………符合步驟 ① 的說明

（3 ＋ 5）×90…………………符合步驟 ② 的說明

3×5………………………………符合步驟 ③ 的說明

⑵圖形判斷：

① 取 95 單位為長，93 單位為寬的長方形。

② 以分格線將 95 單位分成 90 及 5 單位，將 93 單位分成 90 及 3 單位。

玩出聰明左右腦 Question

【紅豆和綠豆】 在一個平底鍋裡，同時炒紅豆和綠豆，待熟後，往盤中一倒，紅豆與綠豆便自然分開，請問該如何辦到呢？（此為經由企業評選為「最有創造力」的京都大學理工科系之多面向思維測驗。）

③總面積＝四個長方形的面積和

$$= \overset{a}{90\times90} + \overset{b}{90\times5} + \overset{c}{90\times3} + \overset{d}{5\times3}$$

$$= 90\times90 + (5+3)\times90 + 15$$

$$= 8835$$

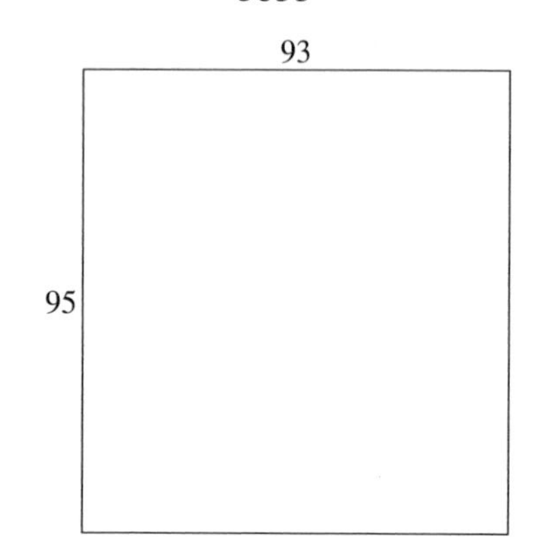

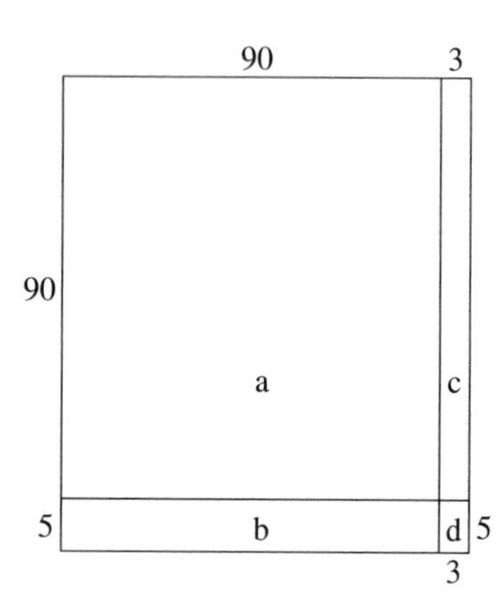

④上述的算式也符合「延伸其他作法」的步驟說明。

過關斬將

(1) $29\times26=$

(2) $53\times52=$

(3) $32\times37=$

(4) $15\times19=$

(5) $78\times71=$

(6) $92\times96=$

(7) $43\times49=$

(8) $63\times64=$

玩出聰明左右腦 Answer

鍋裡只要炒一粒紅豆和一粒綠豆即可。由於定式思維的影響，至今仍有許多人無法解答。原因在於此道題目突破人們日常的思維定式和習慣，在工作或學習過程中，不拘泥於既定的思考觀念，朝多面向發展將能產生無限創意！

叮嚀與提示

⑴本節運算提出兩種方法，前一種方法較為簡便，後一種的方法稍微複雜但完整。至於用哪一種方法比較適合，就看讀者使用後對哪一種熟悉，就用那一種吧！

⑵3-2 節、3-3 節以及 3-4 節均是討論十位數相同的兩位數乘法，讀者可以試著比較與玩味，是否有新的體會與心得呢？

玩出聰明左右腦 Question

【強強的積木】 院子裡，有一個正立方體的木塊，強強想把它切成 27 塊來當成積木。請問強強最少要切幾刀才能完成呢？

3-5　19×19 乘法表

大家對於九九乘法表應該都能朗朗上口，甚至運用自如。但是您聽過 19×19 乘法表嗎？數學強國印度的小朋友竟能倒背如流！他們是怎麼做到的呢？

其實讀者如果已經熟悉 3-1 節到 3-4 節的內容，您也可以輕而易舉的將 19×19 乘法表背誦完成！不相信嗎？請容我喝口茶娓娓道來。

首先，我們先將 19×19 乘法表分成四部分：

1. **一位數與一位數相乘**
2. **一位數與兩位數相乘**
3. **兩位數與一位數相乘**
4. **兩位數與兩位數相乘**

第一部分是一位數與一位數相乘，就是 1 到 9 的一位數與 1 到 9 的一位數相乘。這其實就是我們所熟悉的九九乘法表，相信讀者已經很熟悉，因此不再贅述。

第二部分是一位數與兩位數相乘，就是 1 到 9 的一位數與 10 到 19 的兩位數相乘。這個部分一般讀者用心算方式很快就可以求出，因此也不討論。

第三部分是兩位數與一位數相乘，就是 10 到 19 的兩位數與 1 到 9 的一位數相乘。這與第二部分一樣的心算模式，也不予討論。

玩出聰明左右腦 Answer

切 6 刀。

第四部分是兩位數與兩位數相乘，就是 10 到 19 的兩位數與 10 到 19 的兩位數相乘。這部分我們在 3-1 節到 3-4 節也都介紹過，在此就重新提出，加深讀者印象：

⑴ 在 3-1 節中，提到 11 段乘法運算。有關與 11 相乘的得數，讀者是否能在幾秒之內立刻說出呢？方法不再重新敘述，我們練習不假思索的寫出吧！符合本節部分的乘法是：

$11\times11=121$，$11\times12=132$，$11\times13=143$，$11\times14=154$，$11\times15=165$，$11\times16=176$，$11\times17=187$，$11\times18=198$，$11\times19=209$

以上各項乘法，被乘數與乘數對調，答案不變。

⑵ 在 3-2 節中，提到個位數是 5 的自乘運算，符合本節部分的乘法是：

$15\times15=225$

⑶ 在 3-3 節中，提到十位數相同，個位數相加為 10 的乘法運算，符合本節部分的乘法是：

$11\times19=209$，$12\times18=216$，$13\times17=221$，$14\times16=224$，$15\times15=225$

以上各項乘法，將被乘數與乘數對調，答案不變。

⑷ 在 3-4 節中，提到十位數相同，個位數為任意數的乘法運算，符合本節的乘法是：

$12\times12=144$，$12\times13=156$，$12\times14=168$，$12\times15=180$，$12\times16=192$，$12\times17=204$，$12\times19=228$，$13\times13=169$，$13\times14=182$，$13\times15=195$，$13\times16=208$，$13\times18=234$，$13\times19=247$，$14\times14=196$，$14\times15=210$，$14\times17=238$，

玩出聰明左右腦 Question

【喝酒】 公司聚會裡，經理正開心地喝啤酒，從上午 11 點喝到下午 2 點，每 30 分鐘喝完一瓶。請問這段時間內，經理共喝了多少瓶子呢？（此為日本「三菱集團」招聘研發人員時，曾經出現過的腦力思維測驗，至今答對者寥寥可數。）

$14\times18=252$，$14\times19=266$，$15\times16=240$，$15\times17=255$，$15\times18=270$，$15\times19=285$，$16\times16=256$，$16\times17=272$，$16\times18=288$，$16\times19=304$，$17\times17=289$，$17\times18=306$，$17\times19=323$，$18\times18=324$，$18\times19=342$，$19\times19=361$

經過以上的說明及再次練習後，讀者是否可以迅速寫成 19×19 的乘法表呢？建議倒杯茶，放個輕音樂，愉快的完成它吧！（答案詳見本書第 8 頁）

19×19 段乘法表

×	1	2	3	4	5	6	7	8	9	10	11	12	13	14	15	16	17	18	19
1																			
2																			
3																			
4																			
5																			
6																			
7																			
8																			
9																			
10																			
11																			
12																			
13																			
14																			
15																			
16																			
17																			
18																			
19																			

玩出聰明左右腦 Answer

是一個「瓶子」也沒喝。閱讀此道題目時，常將思維限定在「酒」的焦點上，因而難以看到題目的真正「涵義」。

叮嚀與提示

19×19 乘法表的完成，比 9×9 乘法表更具意義，因為 9×9 乘法表僅止於單純背誦而已，而 **19×19 乘法表包含了數學的拆解以及乘法與加法的組合運算**。相信讀者善加運用，會讓您日後的數學運算更無往不利。

玩出聰明左右腦 Question

【替代的字】 下列 6 個詞組中的動詞大多不能互換，然而，有一個字是可以替代所有的動詞，請問是哪一個字呢？

①提水 ②買油 ③砍柴 ④做工 ⑤寫字 ⑥敲鼓

3-6　100～110之間的整數乘法運算

兩個三位數的乘法，計算難度已經很高，一般得在紙稿上寫寫算算好一陣子。讀者是否會問，運用印度數學還有「題目一出，答案即現」的題型嗎？有的，我們先以一般常用的作法練習下面幾題吧。

熱身練習

(1)103×105 =

(2)106×108 =

(3)101×107 =

(4)109×102 =

(5)105×105 =

(6)108×103 =

(7)104×106 =

(8)107×102 =

答對題數		作答時間	

利用速算法再試一次

(1)103×105 =

(2)106×108 =

(3)101×107 =

(4)109×102 =

(5)105×105 =

(6)108×103 =

(7)104×106 =

(8)107×102 =

答對題數		作答時間	

玩出聰明左右腦 Answer

用「打」字代替。

請你跟我這樣做

Step1 將被乘數加上乘數的個位數字。

Step2 兩數的個位數字相乘。

Step3 步驟 1 的得數寫在步驟 2 的得數之前。

範例1

106×108 =？

① 被乘數 106 與乘數的個位數字 8 相加。

106 + 8 = 114

② 兩數的個位數字相乘。

6×8 = 48

③ 將步驟 ① 的得數寫在步驟 ② 之前。

11448

範例2

101×107 =？

① 被乘數 101 與乘數的個位數字 7 相加。

101 + 7 = 108

② 兩數的個位數字相乘。

1×7 = 7

③ 相乘兩數的**得數小於 10**，所以在**十位數補「0」**，成為「07」。

④ 將步驟 ① 的得數寫在步驟 ③ 之前。

10807

玩出聰明左右腦 Question

【如何使火柴不滾動？】 在一公尺高的地方，鬆手將一根火柴落下，你能讓它落地後不再滾動嗎？（此道題目為美國「加州大學」的智力測驗，主要測試學生解決問題的思考能力。）

範例3

105×105 ＝？

①將被乘數 105 與乘數的個位數字 5 相加。

105 ＋ 5 ＝ 110

②兩數的個位數字相乘。

5×5 ＝ 25

③把步驟 ① 的得數寫在步驟 ② 之前。

11025

打通任督二脈

為何可以迅速由以上三步驟得到答案，其原理是什麼？我們從數學運算的直式、橫式以及圖形轉換三方面來說明，以「106×108 ＝？」為例：

⑴直式運算方面：

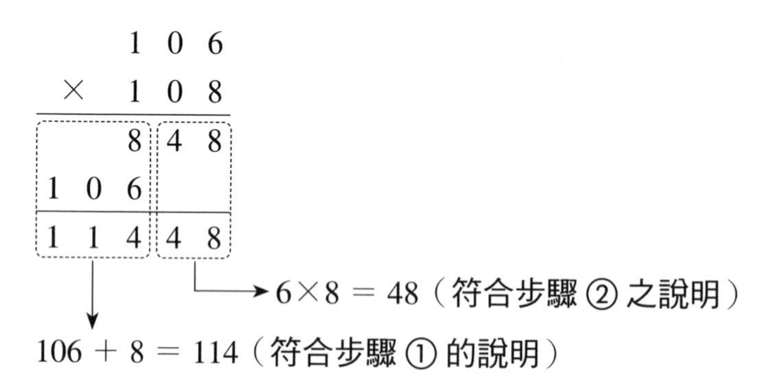

玩出聰明左右腦 Answer

火柴從高處落地後會滾動，是因為其形狀細長，稍有側力就會滾動。然而，只要改變火柴細長的形狀即可。例如將火柴從中間折彎，當它落地後便不會滾動。

(2)橫式運算方面：

$$
\begin{aligned}
106\times108 &= (100+6)\times(100+8)\\
&= 100\times100+100\times6+100\times8+6\times8\\
&= (100+6+8)\times100+48\\
&= \underbrace{(106+8)}_{\text{符合步驟①}}\times100+\underbrace{48}_{\text{符合步驟②}}=11448
\end{aligned}
$$

(3)圖形轉換方面：

①畫一個長為 106 單位、寬為 108 單位的長方形。

②寬 108 單位以分隔線分成 100 及 8 單位，長 106 單位以分隔線分成 100 及 6 單位。

③將 100×8 的長方形移轉至下方 100×6 的長方形下方，併攏對齊。形成一個（106 ＋ 8）×100 的大長方形，以及 6×8 的小長方形。

④圖形總面積＝兩長方形面積之和

$$
=\underbrace{(106+8)}_{\text{符合步驟①}}\times100+\underbrace{6\times8}_{\text{符合步驟②}}=11448
$$

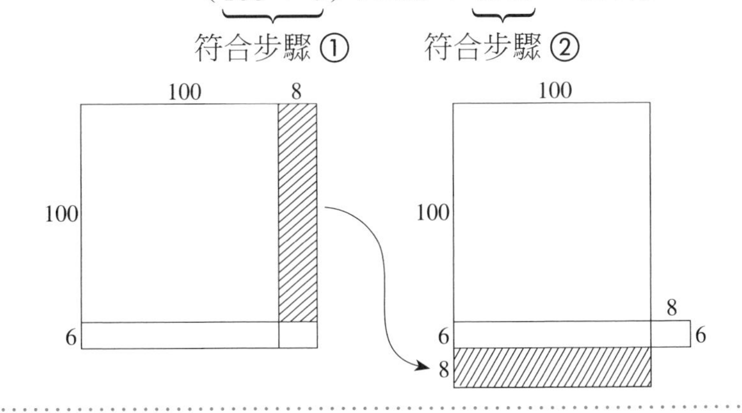

玩出聰明左右腦 Question

【巧移火柴】 君君調皮地移動火柴，使圖中等式無法成立，請移動其中一根火柴，使其恢復原來等式。

9×9 2 8=61

過關斬將

(1) $102 \times 108 =$

(2) $106 \times 109 =$

(3) $105 \times 101 =$

(4) $108 \times 104 =$

(5) $106 \times 106 =$

(6) $107 \times 108 =$

(7) $101 \times 102 =$

(8) $102 \times 104 =$

叮嚀與提示

(1)本節的三位數運算與上一節的二位數運算相似，如果我們**將本節的百位數和十位數看成是相同的十位數「10」**，且個位數為任意數的乘法運算，赫然發現與上一節是同樣題型的觀念，很奇妙吧！

(2)如果是「200～201」間的整數乘法運算，也可以用前一節的觀念套用。前一節的「請你跟我這樣做」步驟②中，要乘以十位數的整十數，而在**本節要乘以百位數的整百數**！舉例來說：

$206 \times 203 = ?$

玩出聰明左右腦 Answer

① 被乘數 206 加上乘數個位數 3。

206 ＋ 3 ＝ 209

② 再乘以百位數的**整百數「200」**。

209×200 ＝ 41800

③ 兩數的個位數相乘。

6×3 ＝ 18

④ 將步驟 ② 與步驟 ③ 的得數相加。

41800 ＋ 18 ＝ 41818

⑶依此類推，「300 ～ 309」間的整數乘法，在上例的步驟 ② 中要乘以**整百數 300**，「900 ～ 909」間的整數乘法，要乘以**整百數 900**，讀者可以細細品味！

玩出聰明左右腦 Question

【井底之蛙】 一隻井底之蛙想出去看外面的世界，於是開始攀跳井壁。每跳一次，就上升 3 公尺，但每次上升前會下滑 2 公尺，已知井深 10 公尺。請問，這隻青蛙要跳幾次才能出井呢？

3-7 被乘數和乘數中間恰為整十、整百、整千的乘法運算

乘法運算中，兩數的平均數是整十、整百、整千時，可以運用先前提過的「補數」概念解題，我們先試試以下的題目吧。

熱身練習

(1)16×24 =

(2)29×31 =

(3)37×43 =

(4)46×54 =

(5)58×62 =

(6)61×79 =

(7)198×202 =

(8)993×1007 =

答對題數		作答時間	

利用速算法再試一次

(1)16×24 =

(2)29×31 =

(3)37×43 =

(4)46×54 =

(5)58×62 =

(6)61×79 =

(7)198×202 =

(8)993×1007 =

答對題數		作答時間	

玩出聰明左右腦 Answer

8 次。不要被題目中的敘述所蒙蔽，「每次跳 3 公尺下滑 2 公尺，意即每次跳 1 公尺。因此 10 公尺跳 10 次就可出井。」的這種想法完全錯誤。事實上，當青蛙跳到一定的高度，就會出了井口，不再下滑。

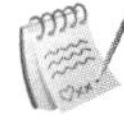

請你跟我這樣做

Step1 將被乘數與乘數相加，再除以 2，找出平均的中間數，而此中間數正好是整十、整百或整千的數。

Step2 將此中間數自乘一次，即中間數的二次方數。

Step3 求被乘數(或乘數)與中間數的差數，並取差數的二次方數。

Step4 將步驟 2 的得數減去步驟 3 的得數即可。

範例1

$16\times24=?$

① 求兩數平均的中間數

$(16+24)\div2=20$

② 將此中間數自乘一次（即取其二次方）

$20\times20=20^2=400$

③ 求被乘數（或乘數）與中間數的差數

$20-16=4$（或 $24-20=4$）

④ 取差數的二次方數

$4\times4=4^2=16$

⑤ 步驟 ② 的得數減去步驟 ④ 的得數

$400-16=384$

玩出聰明左右腦 Question

【爬樓梯】 甲、乙兩人比賽爬樓梯，甲的速度是乙的兩倍，當甲爬到第 9 層時，乙爬到第幾層？

範例2

$61 \times 79 = ?$

① 求兩數平均的中間數

$(61 + 79) \div 2 = 70$

② 將此中間數自乘一次（取其二次方）

$70 \times 70 = 70^2 = 4900$

③ 算出被乘數（或乘數）與中間數的差數

$70 - 61 = 9$（或 $79 - 70 = 9$）

④ 將此差數取其二次方

$9 \times 9 = 9^2 = 81$

⑤ 步驟 ② 的得數減去步驟 ④ 的得數

$4900 - 81 = 4819$

範例3

$198 \times 202 = ?$

① 求兩數平均的中間數

$(198 + 202) \div 2 = 200$

② 取中間數自乘一次（即二次方）

$200 \times 200 = 200^2 = 40000$

③ 求被乘數（或乘數）與中間數的差數

$200 - 198 = 2$（或 $202 - 200 = 2$）

④ 取差數的二次方數

$2 \times 2 = 2^2 = 4$

⑤ 步驟 ② 的得數減去步驟 ④ 的得數

$40000 - 4 = 39996$

玩出聰明左右腦 Answer

第 5 層。如果同時從 1 樓開始，甲到第 9 層時，實際是跑了 8 層；而乙則是跑了 4 層，剛好到第 5 層。

打通任督二脈

我們從數學運算以及圖形轉換兩方面解釋原理，以「16×24 ＝？」為例：

⑴數學運算：

本節實際去除是使用**平方差公式**：$(a+b)\times(a-b)=a^2-b^2$

先取 16 與 24 的平均數 20，正好可以構成平方差公式

$$16\times24=(20-4)\times(20+4)=20^2-4^2$$
$$=20\times20-4\times4$$
$$=400-16=384$$

⑵圖形轉換：

①畫一個長 16 單位、寬 24 單位的長方形。

②以分格線將 24 單位分成 20 單位及 4 單位。

③將右邊 16×4 的小長方形移轉至下方，並向左對齊。新圖形成為一個 20×20 的大正方形，扣除缺角的 4×4 小正方形。

④圖形總面積＝大正方形面積減小正方形面積

$$=20\times20-4\times4=400-16=384$$

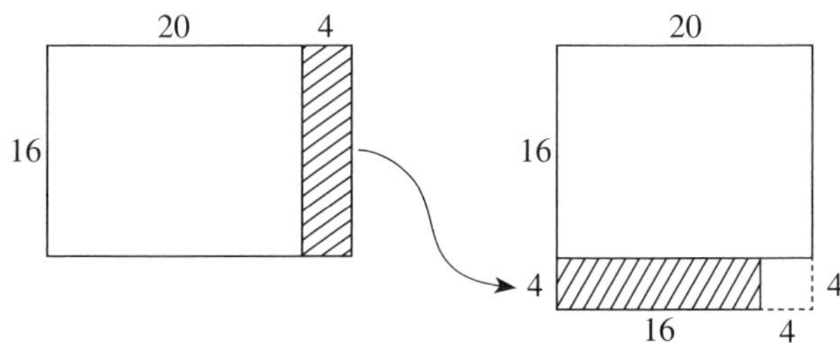

玩出聰明左右腦 Question

【「二」的妙用】 國文老師在課堂上，出了一道特別的題目，要求學生將黑板上 12 個方格中的每個「二」字加上兩筆，如添上兩劃變成「夫」，以此類推，使其組成 12 個不同的字。（此道曾為政治大學文學院的智力測驗試題。）

二	二	二
二	二	二
二	二	二
二	二	二

過關斬將

(1) $85 \times 115 =$

(2) $78 \times 82 =$

(3) $36 \times 44 =$

(4) $109 \times 91 =$

(5) $312 \times 288 =$

(6) $457 \times 443 =$

(7) $2005 \times 1995 =$

(8) $3525 \times 3475 =$

叮嚀與提示

(1)本節的方法也可運用在中間數不是整十、整百或整千的乘法運算中，只是中間數的二次方計算時，要小心留意，舉例來說：

$67 \times 61 = ?$

① 67 與 61 的中間數是 $(67 + 61) \div 2 = 64$

② $64 \times 64 = 64^2 = 4096$

③ 67 與中間數 64 相差 3

④ $3 \times 3 = 3^2 = 9$

⑤ 故 $67 \times 61 = (64 + 3) \times (64 - 3) = 64^2 - 3^2 = 4096 - 9 = 4087$

(2)在 Chapter 2 會介紹平方的運算，再回頭來看此題 64 的平方計算，就更得心應手了。本書所有方法的運算，瞭解的愈多，愈能互為應用與支援，讀者的運算功力也愈強啦！

玩出聰明左右腦 Answer

井	天	王
毛	牛	手
午	五	元
月	仁	云

3-8 至少有一個乘數接近100的兩位數乘法運算

接近100的兩位數是指介於90～99的數，這樣的乘數也能簡化乘法運算，快速正確得到答案。我們先來練習看看吧！

熱身練習

(1)82×93 =

(2)96×96 =

(3)15×92 =

(4)67×91 =

(5)97×98 =

(6)58×99 =

(7)49×97 =

(8)29×94 =

答對題數		作答時間	

利用速算法再試一次

(1)82×93 =

(2)96×96 =

(3)15×92 =

(4)67×91 =

(5)97×98 =

(6)58×99 =

(7)49×97 =

(8)29×94 =

答對題數		作答時間	

玩出聰明左右腦 Question

【分辨生熟雞蛋】 小力不小心將煮熟的雞蛋與生雞蛋放在一起。從外表也無法分辨，請想個不打破雞蛋就能把生雞蛋和熟雞蛋區分開來的辦法。

請你跟我這樣做

Step1 以 100 為基準數，分別算出被乘數與乘數的補數。

Step2 將被乘數減去乘數的補數（或是乘數減去被乘數的補數）。

Step3 兩數的補數相乘。

Step4 將步驟 2 的得數寫在步驟 3 的得數之前。（步驟 2 的得數如大於 100 要進位）

範例1

$82\times93=?$

① 以 **100 為基準數**，分別取兩數的補數：

$100-82=18$，所以 18 為 82 的補數；

$100-93=7$，所以 7 為 93 的補數。

② 用被乘數 82 減去乘數 93 的補數 7

（或是乘數 93 減去被乘數的補數 18）

$82-7=75$（或是 $93-18=75$）

③ 兩數的**補數相乘**

$18\times7=126$

④ 由於 126 產生百位數，所以**百位的 1 要進位**

⑤ 步驟 ② 的得數加上進位的 1

$75+1=76$

⑥ 步驟 ⑤ 的得數寫在步驟 ③ 的兩位數前

7626

玩出聰明左右腦 Answer

旋轉雞蛋。容易轉起來就是熟的，很難旋轉便是生的。由於煮熟的蛋白和蛋黃成為一個整體，較容易轉動；而生雞蛋的蛋黃和蛋清是液體，所以轉起來會較為困難。

我們以直式運算來表示：

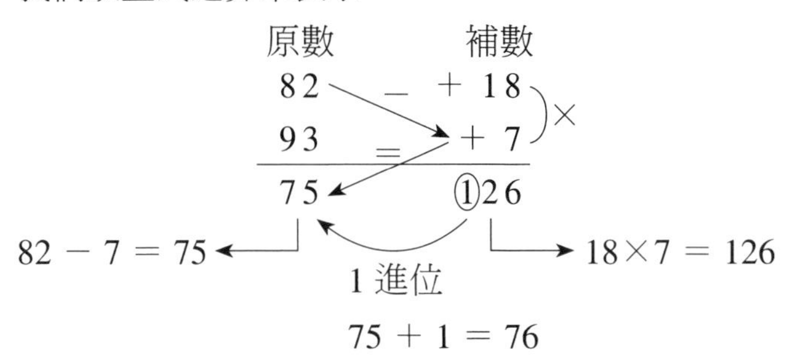

答案：7626

範例2

15×92 ＝？

① 以 **100 為基準數**，分別取兩數的補數：

100 － 15 ＝ 85，所以 85 為 15 的補數；

100 － 92 ＝ 8，所以 8 為 92 的補數。

② 用被乘數 15 減去乘數的補數 8

（或是乘數 92 減去被乘數的補數 85）

15 － 8 ＝ 7（或是 92 － 85 ＝ 7）

③ 兩數的**補數相乘**。

85×8 ＝ 680

④ 由於 680 產生百位數，所以**百位的 6 要進位**。

⑤ 步驟 ② 的得數 7 加上進位的 6。

7 ＋ 6 ＝ 13

⑥ 步驟 ⑤ 的得數寫在步驟 ③ 的兩位數前。

1380

玩出聰明左右腦 Question

【哪一杯是水？】 兩個杯子裡，分別裝有一種無色、無味、不能相互混合，並且比重不同的液體，而其中一杯是水。請問用什麼方法才能將水分辨出來呢？

※ 註：不能用嘴嚐，其中一杯可能是有毒的化學試劑！

我們以直式運算來說明：

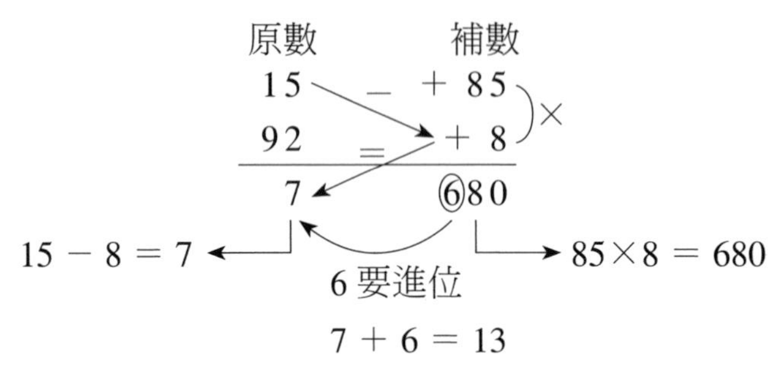

答案：1380

範例3

97×98 = ？

① 以 **100 為基準數**，分別取兩數的補數：

100 − 97 = 3，所以 3 為 97 的補數；

100 − 98 = 2，所以 2 為 98 的補數。

② 將被乘數 97 減去乘數 98 的補數 2

（或是乘數 98 減去被乘數 97 的補數 3）

97 − 2 = 95（或是 98 − 3 = 95）

③ 兩數的補數相乘。

3×2 = 6

④ 補數**相乘**小於 10，要在**十位數補 0**。

06

⑤ 將步驟 ② 的得數寫在步驟 ④ 之前。

9506

玩出聰明左右腦 Answer

往杯中加幾滴水，看水滴是否和上層的液體混合，若能融合即為水。

我們以直式運算來說明：

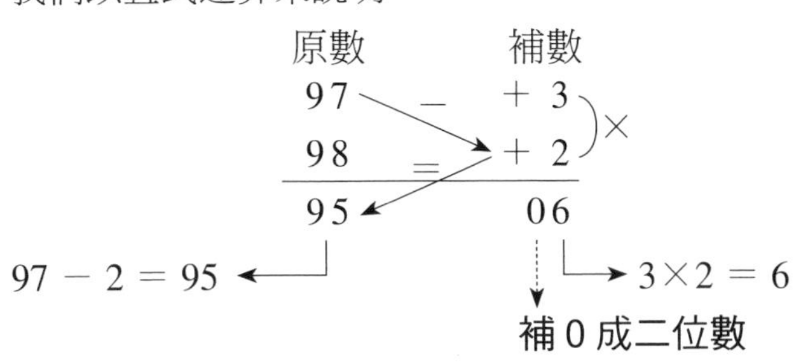

答案：9506

打通任督二脈

我們以數學計算與圖形轉換兩方面解釋原理，並以「$15\times92=?$」為例：

⑴數學計算方面：

$$\begin{aligned}15\times92 &= (100-85)\times(100-8)\\ &= 100\times100-85\times100-8\times100+85\times8\\ &= (100-85-8)\times100+85\times8\end{aligned}$$

上式可以繼續化簡成「$(15-8)\times100+85\times8=1380$」

其中「$15-8$」符合被乘數減去乘數的補數

「85×8」符合兩數的補數相乘

當然，上式也可另行化簡成「$(92-85)\times100+85\times8=1380$」

其中「$92-85$」符合乘數減去被乘數的補數

「85×8」符合兩數的補數相乘

玩出聰明左右腦 Question

【過隧道】 一輛載滿貨物的卡車要通過隧道，但車頂卻高出隧道 1 公分而無法過去。經驗老道的司機如往常一樣，對車身進行小小改造後便能順利通過，究竟他是如何辦到的呢？

⑵圖形轉換方面：

①畫一個長 15 單位、寬 92 單位的長方形。

②以分隔線將 15 單位分成 7 單位與 8 單位。

③將下方 92×8 的長方形移轉到 92×7 的長方形右邊。形成一個 100×7 的長方形，以及 85×8 的長方形。

④圖形總面積＝兩長方形的面積和

$$= 7 \times 100 + 85 \times 8 = 1380$$

其中「7」符合被乘數 15 減去乘數的補數 8

「85×8」符合兩數的補數相乘

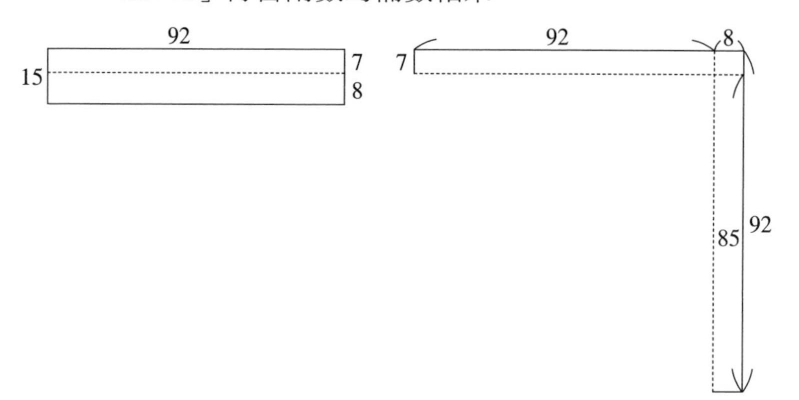

過關斬將

⑴$91 \times 97 =$

⑵$78 \times 92 =$

⑶$56 \times 93 =$

⑷$16 \times 99 =$

⑸$38 \times 95 =$

⑹$83 \times 96 =$

⑺$27 \times 94 =$

⑻$46 \times 91 =$

玩出聰明左右腦 Answer

將卡車輪胎放一些氣，使其高度降低 1 公分，便能安全通過隧道。

★ 叮嚀與提示

(1)兩數的補數相乘只取兩位數，因此相乘若大於 99，則百位數字要進位；相乘若小於 10，則十位數要補 0。

(2)在計算中，為何用「被乘數減去乘數的補數」或者「乘數減去被乘數的補數」都可以呢？我們來證明一下：

假設有甲、乙兩數相乘，即「甲 × 乙＝？」

甲的補數＝ 100 －甲

乙的補數＝ 100 －乙

依照運算規則

被乘數－乘數的補數＝甲－（100 －乙）＝甲＋乙－ 100

乘數－被乘數的補數＝乙－（100 －甲）＝甲＋乙－ 100

由上面的演算可以知道，兩者計算的得數相等，所以用哪一種方式都可以，端看讀者自己選用。

玩出聰明左右腦 Question

【還有幾條活蚯蚓？】 湯姆釣魚時，喜歡用蚯蚓當魚餌。這天，他一共抓了 5 條蚯蚓，後來分魚餌時，因數量不足，把其中 2 條蚯蚓切成 2 段。此時，湯姆還有幾條活蚯蚓呢？

3-9 個位數是5和偶數的乘法運算

我們可以發現，偶數是至少含有一個 2 與其他整數的乘積。個位數是 5 的數與含有 2 的乘法，會產生個位數為 0 的奇遇，讓我們先行領略一下吧。

熱身練習

(1) $12\times15=$

(2) $18\times25=$

(3) $16\times25=$

(4) $24\times75=$

(5) $56\times125=$

(6) $28\times55=$

(7) $192\times175=$

(8) $72\times375=$

答對題數		作答時間	

利用速算法再試一次

(1) $12\times15=$

(2) $18\times25=$

(3) $16\times25=$

(4) $24\times75=$

(5) $56\times125=$

(6) $28\times55=$

(7) $192\times175=$

(8) $72\times375=$

答對題數		作答時間	

玩出聰明左右腦 Answer

有 7 條蚯蚓，被切為兩段的蚯蚓都還能繼續活著。

請你跟我這樣做

Step1 將偶數除以 2、4、8 等 2 的次方數。

Step2 再將個位數為 5 的數乘以步驟 1 中 2 的次方數。

Step3 把步驟 1 與步驟 2 的得數相乘即可。

範例1

12×15 ＝？

① 將偶數 12 除以 2。

12÷2 ＝ 6

② 將個位數為 5 的數乘以 2。

15×2 ＝ 30

③ 將前兩步驟的得數相乘。

6×30 ＝ 180

範例2

24×75 ＝？

① 將偶數 24 除以 4。

24÷4 ＝ 6

② 將個位數為 5 的數乘以 4。

75×4 ＝ 300

③ 將前兩步驟的得數相乘。

6×300 ＝ 1800

玩出聰明左右腦 Question

【烤餅】 有一種烤箱一次只能烤兩張餅，烤一面所需要的時間是 1 分鐘。請試著在 3 分鐘內烤好 3 張餅。

※ 注意：餅的兩面都需要烤。

範例3

$72 \times 375 = ?$

①將偶數 72 除以 8。

$72 \div 8 = 9$

②將個位數為 5 的數乘以 8。

$375 \times 8 = 3000$

③將前兩步驟的得數相乘。

$9 \times 3000 = 27000$

打通任督二脈

⑴本節運算利用以下兩種原理：

①乘法運算時，先除以一數，再乘以同一數，答案不變。

②**2 與 5 相乘**得到 10，**4 與 25** 相乘（兩個 2 與兩個 5 相乘）得到 100，**8 與 125 相乘**（三個 2 與三個 5 相乘）得到 1000，依此類推。

⑵以「72×375 ＝？」為例，72 等於 8 乘以 9，8 是三個 2 連乘；而 375 等於 3 乘以 125，由於 125 是三個 5 連乘，所以答案必定有三個 0

$72 \times 125 = (8 \times 9) \times (3 \times 125) = 9 \times 3 \times (8 \times 125) = 27000$

⑶換個方式說，本節是運用 2 與 5 相乘為 10 的特性，將乘數分離出 2 的次方與 5 的次方，相乘後成為整十、整百、整千數，形成**「化零為整」**的核心觀念。

玩出聰明左右腦 Answer

假設 3 張餅分別標記為 1、2、3，烤餅的具體步驟為：先將 1 和 2 的兩張餅各烤一分鐘，接著把 1 餅翻過來，取下 2 餅，換成 3 餅；一分鐘後，取下 1 餅，將 2 餅沒有烤過的一面貼在烤箱上，同時將 3 餅翻過來烤即成。

過關斬將

(1)26×15 ＝

(2)42×25 ＝

(3)36×25 ＝

(4)48×125 ＝

(5)54×35 ＝

(6)88×125 ＝

(7)384×625 ＝

(8)224×375 ＝

叮嚀與提示

如果兩數相乘，分離出 2 的次方數與 5 的次方數不相同時，「請你跟我這樣做」中的步驟 ①，偶數先除以 2 或 4 或 8 或其他 2 的次方項，是可以進行的，舉例來說：

24×15 ＝？

①我們可以先 24÷2 ＝ 12

再讓 15×2 ＝ 30

最後再 12×30 ＝ 360

也就是 24×15 ＝（24÷2）×（15×2）＝ 360

②我們也可以先 24÷4 ＝ 6

再讓 15×4 ＝ 60

玩出聰明左右腦 Question

【兩歲山】 在某個國家裡，有一座高山，海拔為 12365 英尺。當地人依此數據，稱它為「兩歲山」。請問是什麼原因呢？（曾出現在日本「慶應大學」的智力測驗選題。）

最後再 $6\times60=360$

也就是（$24\div4$）×（15×4）$=360$

③我們也可以先 $24\div8=3$

再讓 $15\times8=120$

最後再 $3\times120=360$

也就是（$24\div8$）×（15×8）$=360$

上面的三種方式產生，主要是因為：

$24=8\times3=2^3\times3$………… 內含三個 2

$15=5\times3$……………………… 內含一個 5

至於要用哪一種方式，讀者可以自由選用，不過建議以可湊出更「整」的數作分解，更能領略印度數學在乘法運算中的快感。

玩出聰明左右腦 Answer

當地人將最前面的「12」當作 12 個月，把後面的「365」當成一年的 365 天。因此前後相加，正好是「兩歲」。

Chapter 1

④ 除法運算

在除法運算上，印度數學提供了看似冗長但卻不容易出錯的計算過程，也針對除數是 5 或 9 發展出快速算法。您有看過把「除法」變成「加法」的神奇運算嗎？話不多說，咱們且來逛逛吧！

4-1 除數是兩位非整十數的除法運算

對於一般除數是兩位數的直式除法，相信讀者應該很熟悉，但常會因運算中所碰到的進位或借位而失誤。印度數學有另一套算法，我們先練習一下吧！

熱身練習

以下各題的商計算至整數位為止

(1)68÷19 =

(2)73÷12 =

(3)532÷15 =

(4)237÷16 =

(5)376÷23 =

(6)1391÷24 =

(7)2568÷27 =

(8)8155÷67 =

答對題數		作答時間	

利用速算法再試一次

以下各題的商計算至整數位為止

(1)68÷19 =

(2)73÷12 =

(3)532÷15 =

(4)237÷16 =

(5)376÷23 =

(6)1391÷24 =

(7)2568÷27 =

(8)8155÷67 =

答對題數		作答時間	

玩出聰明左右腦 Question

【取出藥片】 平平感冒了！醫生開一瓶藥給他，藥瓶是用軟木塞密封的。在不拔出瓶塞，也不在上面穿孔的情況下，平平能否從完整的瓶子裡取出藥片呢？

請你跟我這樣做

Step1 找出大於除數且最接近的整十數，及其補數。

Step2 被除數除以整十數得商數及餘數。

Step3 補數乘以商數與步驟 2 的餘數相加，成為新的被除數。

Step4 重複步驟 2 與步驟 3 的計算，直到商數為個位數，且結果小於原除數為止。

Step5 如果運算中的商數大於 9，則要進位。

Step6 將商數部分整理及進位加總成最後的商數。餘數則是運算至最下面的數。

範例 1

$68 \div 19 = ?$

① 找出大於除數的整十數及補數。

$19 + 1 = 20$，所以**整十數為 20，補數為 1**

② 被除數 68 除以整十數 20。

$68 \div 20 = 3......8$，得到商數 3，餘數 8

③ 將商數 3 與補數 1 相乘，再與餘數相加。

$3 \times 1 = 3$，$3 + 8 = 11$

④ 前一步驟的**得數小於原除數 19，停止運算**。

⑤ 得商數為 3，餘數為 11。

玩出聰明左右腦 Answer

只要將瓶塞壓進藥瓶裡，就能取出藥片。

我們以直式運算表現如下所示：

			商數	
整十數 ←······	20	68	3	······→ 被除數 68 除以整十數得商數 3
補數 ←······	1	− 60		······→ 整十數 20 乘以商數 3
		8		······→ 68 除以整十數 20 的餘數
		+ 3		······→ 商數 3 與補數 1 相乘
		11		······→ **小於原除數 19，運算停止**

所以得到　68 ÷ 19 ＝ 3......11

範例2

1391 ÷ 24 ＝？

① 找出大於除數的整十數與補數

24 ＋ 6 ＝ 30，**整十數為 30，補數為 6**

② 被除數「139」部分除以整十數 30

139 ÷ 30 ＝ 4......19，得到**商數 4**，餘數 19

③ 商數 4 與補數 6 相乘，再加上餘數

4 × 6 ＝ 24，24 ＋ 19 ＝ 43

④ 被除數「1391」的位數下降，變成新的被除數「431」

⑤ 新被除數 431 除以整十數 30

431 ÷ 30 ＝ 14......11，得商數 14，餘數 11

⑥ **商數 14 大於 9，因此 1 要進位，個位數 4 保留**

⑦ 商數 14 與補數 6 相乘，再加上餘數 11，得新被除數 95

14 × 6 ＝ 84，84 ＋ 11 ＝ 95

⑧ 新被除數 95 除以整十數 30

95 ÷ 30 ＝ 3......5，得**商數 3**，餘數 5

玩出聰明左右腦 Question

【巧移乒乓球】 可可與貝貝在玩乒乓球時，不小心將球掉進一個乾燥又光滑的水杯裡。此時可可想到一個辦法，在不接觸乒乓球、不碰撞杯子、不使用其他工具的情況下，將乒乓球弄了出來。請問，他是如何辦到的呢？

⑨ 商數 3 與補數 6 相乘，再加上餘數 5

$3 \times 6 = 18$，$18 + 5 = 23$

⑩ 此時得數 23 小於原除數 24，停止運算

⑪ 總商數相加整理得 57（步驟 ② 的商數 4 與步驟 ⑥ 的進位 1 相加為商的十位數；步驟 ⑥ 的 4 與步驟 ⑧ 的 3 相加為商的個位數），餘數為步驟 ⑩ 的 23

我們以直式運算如下：

		直式	商數		
整十數 ←	30	1 3 9 1	4		→ 139 除以 30 的商數 4
補數 ←	6	− 1 2 0			→ $30 \times 4 = 120$
		1 9			→ 139 除以 30 的餘數 19
		+ 2 4			→ 商數 4 與補數 6 相乘
		4 3 1	1	4	→ 431 除以 30 的商數 14
		− 4 2 0			→ $30 \times 14 = 420$
		1 1			→ 431 除以 30 的餘數 11
		+ 8 4			→ 商數 14 與補數 6 相乘
		9 5		3	→ 95 除以 30 的商數 3
		− 9 0			→ $30 \times 3 = 90$
		5			→ 95 除以 30 的餘數 5
		+ 1 8			→ 商數 3 與補數 6 相乘
		2 3	5	7	
		餘數 ↑	商數		

如果餘數小於整十數，但是大於原除數時，則要減去原除數，才是最後的餘數，而商數要再加 1，請看下面範例：

玩出聰明左右腦 Answer

由於乒乓球很輕，可可只要用嘴對杯子使勁吹一口氣，乒乓球就能彈跳出來。

範例3

4582÷23 ＝？ （此題以直式直接表達）

		商數	
整十數 ←…… 30	4 5 8 2	1	……→ 45 除以 30 的商數 1
補數 ←…… 7	− 3 0		……→ 30× 商數 1
	1 5		……→ 45 除以 30 的餘數 15
	＋ 7		……→ 商數 1 與補數 7 相乘
	2 2 8	7	……→ 新被除數 228 除以 30 的商數 7
	− 2 1 0		……→ 30× 商數 7
	1 8		……→ 228 除以 30 的餘數 18
	＋ 4 9		……→ 商數 7 與補數 7 相乘
	6 7 2	2 2	……→ 新被除數 672 除以 30 的商數 22
	− 6 6 0		……→ 30× 商數 22
	1 2		……→ 672 除以 30 的餘數 12
	＋ 1 5 4		……→ 商數 22 與補數 7 相乘
	1 6 6	5	……→ 新被除數 166 除以 30 的商數 5
	− 1 5 0		……→ 30× 商數 5
	1 6		……→ 166 除以 30 的餘數 16
	＋ 3 5		……→ 商數 5 與補數 7 相乘
	5 1	1	……→ 新被除數 51 除以 30 的商數 1
	− 3 0		……→ 30× 商數 1
	2 1		……→ 51 除以 30 的餘數 21
	＋ 7		……→ 商數 1 與補數 7 相乘
	2 8	1	……→ 28 小於整十數 30，大於原除數 23，商數加 1
	− 2 3		
		5 1 9 9	

玩出聰明左右腦 Question

下列的不等式是由 14 根火柴組成，請移動其中一根火柴成為正確等式。

74－4＝4

我們將商數欄位的所有數字加總：「100 ＋ 70 ＋ 22 ＋ 5 ＋ 1 ＋ 1 ＝ 199」，得到商數 199，餘數為最下一行的數字 5，大功告成！

打通任督二脈

(1)我們將一般常用的長除法運算，與本節方法做一對照比較，以「2153÷28 ＝？」為例：

本節方法

		商數	
30	2 1 5 3	7	
2	− 2 1 0		
	5		
	＋ 1 4		
	1 9 3		6
	− 1 8 0		
	1 3		
	＋ 1 2		
	2 5		

一般長除法

	7 6
28	2 1 5 3
	1 9 6
	1 9 3
	1 6 8
	2 5

①答案一樣得到商數 76，餘數 25。

②本節方法在第一循環運算中，得到商數為 7（實際代表 70），餘數為 5，但加上 14（補數 2 乘以商數 7，代表多扣的部分）後得到 19，這與一般長除法第一循環運算得到 19 相同。

③第二循環運算時，被除數下降「3」，形成新被除數「193」。本節方法得到商數 6 與補數 13，同樣的，餘數再加上 12（補

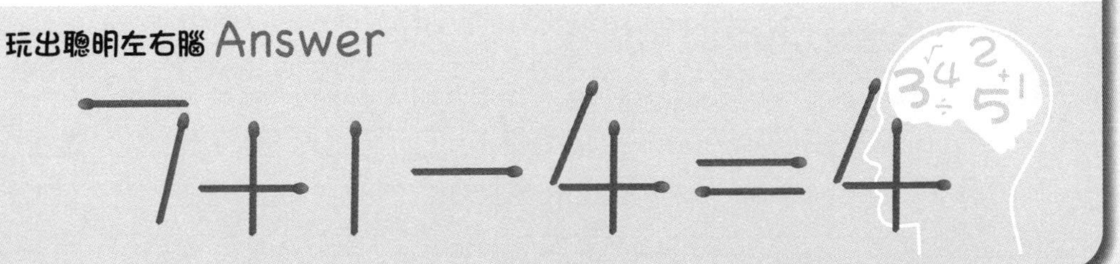

數 2 乘以商數 6，即多扣的部分）後得到 25，這與一般長除法運算得到 25 相同。

(2)本節的除法運算，是利用整十數在運算中比較方便快速的原理，所以將兩位數的除數變成整十數與補數分開計算。

(3)由於補數是個位數，乘法運算中也很方便，所以整體運算來說錯誤率可以降低。

(4)在運算中由於除數變成較大的整十數，被除數沒有改變，可能導致**商數變小**。所以每一循環步驟中，必須**再加上與原來差額的部分**，就是在餘數後面**加上補數與商數的乘積**。

(5)如同一般我們所學的除法一樣，被除數在除以整十數時，選取的位數以能進行除法運算即可。每一循環步驟結束後，再**下降一位**當做下一循環的新被除數。

過關斬將

(1)59 ÷ 16 =

(2)92 ÷ 15 =

(3)185 ÷ 43 =

(4)563 ÷ 39 =

(5)928 ÷ 32 =

(6)1568 ÷ 23 =

(7)7206 ÷ 78 =

(8)8351 ÷ 52 =

玩出聰明左右腦 Question

【聰明的柯南】 一幫歹徒把偵探柯南和他朋友的雙手綁在一起後，就離開了。歹徒們以為柯南逃脫不掉，但聰明的他在沒有利用任何工具的情況下，毫不費力地就解開繩子，擺脫困境。請問他是如何解開的呢？

叮嚀與提示

(1)除法直式運算中，很清楚可以看到「**先減再加**」的運算交替出現。「先減」是除法先扣除的部分，「再加」是將多扣除的部分加回來。每一循環都是如此，讀者依照這個規律運算，可以避免失誤。

(2)運算到被除數的個位數下降參與計算後，要注意每一循環運算結束後所得數字的大小。如果**比整十數的除數大**，則繼續循環計算；如果數字**比原被除數小**，則停止運算，得數就是餘數；如果數字**介於原除數與整十數之間**，則該數字減去原除數就是餘數，而商數記得加 1。

(3)本節的方法看似比傳統長除法繁雜，所列的直式也比較長。但是將除數變化成整十數與補數的方法，卻有其運算的便利：整十數的乘除及只有一位數的補數乘法，都比傳統除法簡單容易，熟悉規則後，運算上不容易出錯，這是傳統長除法沒有的優點。

玩出聰明左右腦 Answer

他的朋友用雙手抓住柯南的繩子，使他的繩子在他朋友的另一側形成一個鬆弛的繩圈；接著他把繩圈塞入朋友手腕上的套索中，此時發現，要使繩圈不扭曲，只能穿過一隻手腕。再來他把繩圈繞過朋友的手指，當他把繩圈繞過朋友的手並從套索中拉出後，他們就能解開了。

4-2 除數是5的除法運算

我們研讀前面幾個單元後，是否發現印度數學的核心觀念——「化零為整」了呢？除數為 5 的除法運算，當然也是在此觀念下產生的，我們先來練習看看吧。

熱身練習

以下各題請計算至除盡為止

(1)53÷5 =

(2)78÷5 =

(3)132÷5 =

(4)629÷5 =

(5)1256÷5 =

(6)3567÷5 =

(7)7428÷5 =

(8)42619÷5 =

答對題數		作答時間	

利用速算法再試一次

以下各題請計算至除盡為止

(1)53÷5 =

(2)78÷5 =

(3)132÷5 =

(4)629÷5 =

(5)1256÷5 =

(6)3567÷5 =

(7)7428÷5 =

(8)42619÷5 =

答對題數		作答時間	

玩出聰明左右腦 Question

【和值最大的直線】 請在右圖中畫一條直線，使得直線所經過的格子相加值最大。

8	1	6
3	5	7
4	9	2

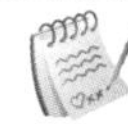

請你跟我這樣做

Step1 將被除數乘以 2

Step2 將除數 5 也乘以 2，成為 10

Step3 把步驟 1 的得數除以步驟 2 的得數 10，即是答案。

範例1

53÷5 =？

① 將被除數 53 乘以 2

53×2 = 106

② 將除數 5 乘以 2

5×2 = 10

③ 步驟 ① 的得數除以步驟 ② 的得數

106÷10 = 10.6

範例2

629÷5 =？

① 將被除數 629 乘以 2

629×2 = 1258

② 將除數 5 乘以 2

5×2 = 10

③ 步驟 ① 的得數除以步驟 ② 的得數

1258÷10 = 125.8

玩出聰明左右腦 Answer

8	1	6
3	5	7
4	9	2

範例3

7428÷5 ＝？

① 將被除數 7428 乘以 2

7428×2 ＝ 14856

② 將除數 5 乘以 2

5×2 ＝ 10

③ 步驟 ① 的得數除以步驟 ② 的得數

14856÷10 ＝ 1485.6

打通任督二脈

⑴本節是應用被除數與除數同時乘以一數時，運算出來的答案不會改變。

$a \div b = a \div b \times c \div c = a \times c \div b \div c = (a \times c) \div (b \times c)$

上式中，a、b 兩數同時乘以 c 時，經運算推導後，仍會回到原來「a÷b」的型態，所以答案不會改變。

⑵當然，我們也可以用分數的「擴分」來解釋原理：

$(a \times c) \div (b \times c)$

$= \dfrac{a \times c}{b \times c} = \dfrac{a}{b} = a \div b$

上式將除法運算變成分數的運算，被除數 a 與除數 b 同時乘以 c，相當於**分數的「擴分」概念，分數經過擴分之後，其運算結果是一樣的。**

玩出聰明左右腦 Question

【兩位數學老師】 兩位數學老師在辦公室裡，相對而坐並正看著同一份作業，他們為了其中一道題目爭得面紅耳赤，甲老師說：「這個等式是正確的。」而乙卻說：「不，這完全是錯誤的。」請問，他們看的是什麼等式呢？

(3)本節的方法是將被除數與除數同乘以 2，這除了不會影響所求的答案外，並讓除數變成 10。任何**被除數除以 10**，只需將被除數的**小數點向左移一位**就是答案了。

(4)我們可以和一般的長除法比較，就知道運算速度的差別所在，舉例而言：

「7428÷5 ＝？」

①用一般的長除法觀念運算，大概得準備紙筆實際以直式演算：

```
     1 4 8 5.6
   ___________
5 ) 7 4 2 8.0
    5
   ___________
    2 4
    2 0
   ___________
      4 2
      4 0
   ___________
        2 8
        2 5
   ___________
          3 0
          3 0
   ___________
            0
```

②而本節的原理，應用除數 5 乘以 2 為 10，只要將被除數 7428 也乘以 2，成為「14856」，再將小數點由個位往左移一格，答案「1485.6」隨即而出，甚至不用紙筆，以心算就可求出結果。

玩出聰明左右腦 Answer

這個等式是「9×9 ＝ 81」，但從相反的方向看就會有不同的答案，因此另一個老師看的是「18 ＝ 6×6」。這便是肉眼觀察誤區的經典題型。

過關斬將

(1) $62 \div 5 =$

(2) $97 \div 5 =$

(3) $256 \div 5 =$

(4) $873 \div 5 =$

(5) $4181 \div 5 =$

(6) $5619 \div 5 =$

(7) $19823 \div 5 =$

(8) $37425 \div 5 =$

叮嚀與提示

(1) 除數是 5，只要將**被除數乘以 2，再將小數點左移一位**，答案就出來了。事實上，我們用這個觀念，可以同時解決除數是 25、125 等 5 的次方的題目。

(2) 除數是 25 的時候，由於 25 是 5 連乘二次，如果連續乘以二個 2，即成 100，此時被除數也連續乘以二個 2，再將得數的小數點左移 2 位，答案即現！

例如：「$368 \div 25 = ?$」

$$\begin{aligned} 368 \div 25 &= (368 \times 2 \times 2) \div (25 \times 2 \times 2) \\ &= (368 \times 4) \div 100 \\ &= 1472 \div 100 \\ &= 14.72 \end{aligned}$$

玩出聰明左右腦 Question

【該填什麼數字？】 如圖所示，請觀察其中規律，試將問號處填入正確數字。

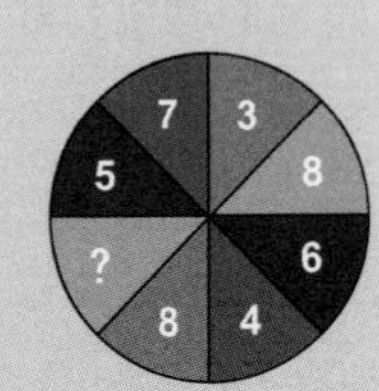

⑶除數是 125 的時候，由於 125 是 5 連乘三次，如果連續乘以三個 2，即成 1000，此時被除數也連續乘以三個 2，再將得數的小數點左移三位，就可以了。

例如：「1352÷125 ＝？」

1352÷125 ＝（1352×2×2×2）÷（125×2×2×2）

＝（1352×8）÷1000 ＝ 10816÷1000

＝ 10.816

⑷也就是說，除數分別是 5、25、125 的時候，除數分別乘以 2、4、8，得到 10、100、1000 的新除數。此時被除數也同時配合分別乘以 2、4、8，再將得數的小數點左移一位、二位及三位，答案即現，大功告成！

玩出聰明左右腦 Answer

3。互為對角的數字之和等於 11。

4-3 除數是9的除法運算

除數是9的運算，我們可以應用4-1節的觀念，將9化成整十數10以及補數1，再進行除法運算，一樣可以得到答案。但本節提供另一種快速的方法，我們先來熱身一下吧。

熱身練習

以下各題的商請計算至整數位

(1) 152 ÷ 9 =

(2) 376 ÷ 9 =

(3) 576 ÷ 9 =

(4) 814 ÷ 9 =

(5) 1625 ÷ 9 =

(6) 5873 ÷ 9 =

(7) 36842 ÷ 9 =

(8) 75306 ÷ 9 =

答對題數		作答時間	

利用速算法再試一次

以下各題的商請計算至整數位

(1) 152 ÷ 9 =

(2) 376 ÷ 9 =

(3) 576 ÷ 9 =

(4) 814 ÷ 9 =

(5) 1625 ÷ 9 =

(6) 5873 ÷ 9 =

(7) 36842 ÷ 9 =

(8) 75306 ÷ 9 =

答對題數		作答時間	

玩出聰明左右腦 Question

【缺少什麼數字？】 如圖，請找出各個數字間的規則，並正確填入缺少的數字。

2 5 7

4 7 5

3 6 ?

請你跟我這樣做

Step1 將被除數由左向右算起的第一位數，當做商數的第一位數。

Step2 將被除數第一位及第二位數字之和，當做商數的第二位數。如果得數大於 9 則要進位，也就是商數的第一位數要加 1。

Step3 將被除數前三個數字相加，當做商數的第三位數。如果得數大於 9，則要進位，也就是商數的第二位數要再加上得數的十位數字。

Step4 將被除數的前四個數字相加，當做商數的第四位數。如果得數大於 9，則要進位，也就是商數的第三位數要再加上得數的十位數字。商數的第五位數求法，依此類推。

Step5 依上述的方式，進行到所有被除數的數字相加時，此時的得數則當作餘數，而不再是商數了。若得數超過 9，則將其除以 9，所得的商數併入答案商數的個位數中，所得的餘數就是答案的餘數。

範例1

$152 \div 9 = ?$

① 被除數第一位數字「1」當作商數的第一位數字。

② 被除數前兩位數字相加，當作商數的第二位數。

$1 + 5 = 6$，所以商數的第二位數為 6

③ 被除數的所有數字和，當作是餘數。

$1 + 5 + 2 = 8$，由於 $8 < 9$，所以不用進位

④ 所以 $152 \div 9 = 16......8$

玩出聰明左右腦 Answer

6。最後一行是上兩行的平均數。

我們試著用直式來計算：

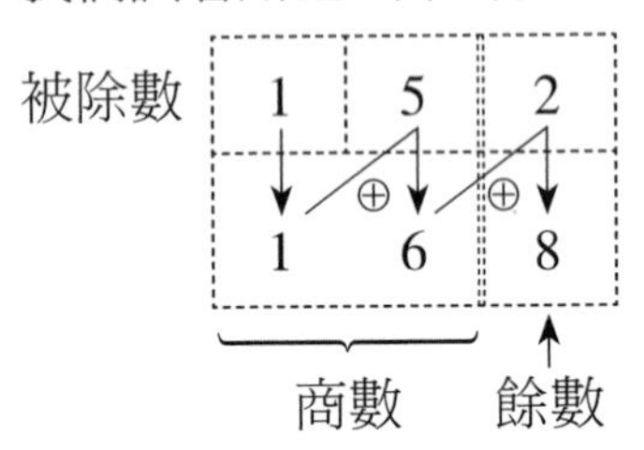

說明：

① 上式中，被除數第一位數「1」下降為商數的第一位數字「1」。

② 商數 1 再跟右上方被除數字「5」相加，得到商數的第二位數字是 6。

③ 商數 6 再跟右上方被除數字「2」相加，由於已經加到個位數字，所得數 8 為餘數。

範例2

576÷9＝？

① 被除數第一位數字「5」，當作商數的第一位數字。

② 被除數前兩位數字相加，當作商數的第二位數字。

$5+7=12$

③ 由於**相加後大於 9，整十數 10 進位**，商數的第一位數字加 1。

$5+1=6$ ……………………商數第一位數

2 ………………………………商數第二位數

④ 被除數所有數字相加，當作餘數。

$5+7+6=18$

⑤ 由於餘數大於 9，得數除以 9 後，商數部分進位到答案的商數，餘數則為答案的餘數。

玩出聰明左右腦 Question

【2 變 8】 不能將火柴折斷，並用兩根火柴拼出 8 個三角形。究竟該怎麼辦到呢？

18÷9 ＝ 2 0

2 ＋ 2 ＝ 4（**商數第二位數字 2 加上進位的 2**）

餘數 0 即為答案的餘數

⑥ 所以 576÷9 ＝ 64......0

我們以直式方式計算如下：

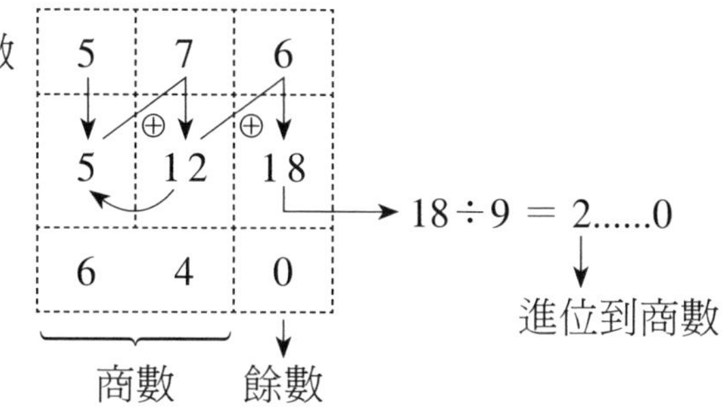

說明：

① 上式中被除數第一位數字「5」下降為商數的第一位數字「5」。

② 商數 5 跟右上方被除數字「7」相加，得到商數的第二位數「12」。

③ 12 大於 9，**整十數 10 進位**，商數第一位數加 1，得 5 ＋ 1 ＝ 6。

④ 12 再加上右上方被除數字「6」，得到餘數 18。

⑤ 18÷9 ＝ 2......0，**「2」進位**，商數第二位數加 2，得 2 ＋ 2 ＝ 4。

⑥ 餘數為 0。

範例3

5873÷9 ＝？

① 被除數第一位數字「5」，當作商數的第一位數。

② 被除數前兩位數字相加，當作商數的第二位數字。

5 ＋ 8 ＝ 13

玩出聰明左右腦 Answer

將兩根火柴棒底端的正方形對齊，

接著把其中一根轉動 45 度角即可。

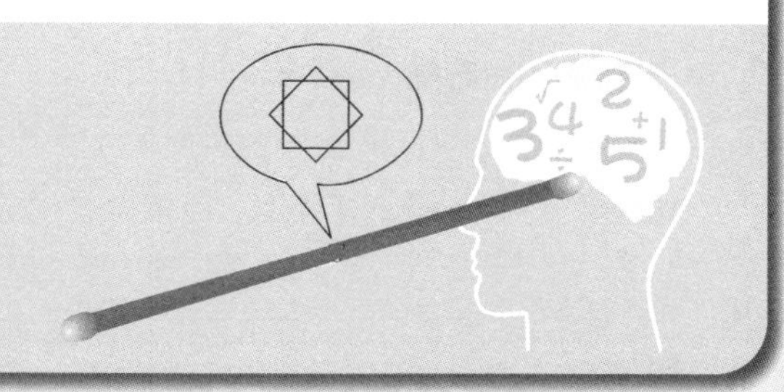

③ 得數 13 大於 9，**整十數 10 進位**，商數的第一位數字加 1。

5 + 1 = 6 ……………………商數第一位數

3 ……………………………商數第二位數

④ 被除數前三位數字相加，當作商數的第三位數字。

5 + 8 + 7 = 20

⑤ 得數 20 大於 9，**整十數 20 進位**，商數的第二位數字加 2。

3 + 2 = 5……………………商數第二位數

0……………………………商數第三位數

⑥ 被除數所有數字相加，當做餘數。

5 + 8 + 7 + 3 = 23

⑦ 餘數 23 大於 9，除以 9 後**商數進位**。

23÷9 = 2 5

0 + 2 = 2（商數第三位數字 0 加進位的 2）

⑧ 所以 5873÷9 = 652 5

我們以直式計算表示：

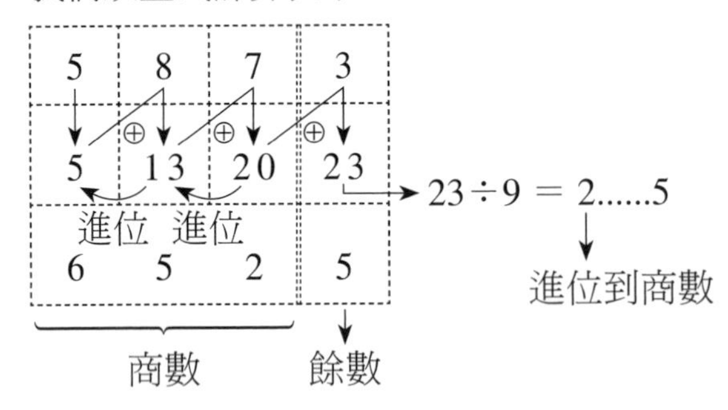

玩出聰明左右腦 Question

【尋出規律】 下列是一組被重排的數字，在未更動之前，它們之間存在一個非常有趣的規律。請試著找出，並按其規律重新將以下數列組合起來。

3 5 13 21 1 1 2 8

說明：

① 上式中被除數第一位數「5」下降為商的第一位數字「5」。

② 商數 5 再跟右上方被除數字「8」相加，得到商數第二位數字「13」。

③ 13 大於 9，所以「1」進位，商數第一位數得 5 ＋ 1 ＝ 6。

④ 商數 13 再跟右上方被除數字「7」相加，得到商數第三位數 20。

⑤ 20 大於 9，所以「2」進位，商數第二位數得 3 ＋ 2 ＝ 5。

⑥ 20 再加上右上方被除數字「3」，得到餘數 23。

⑦ 23÷9 ＝ 2......5，「2」進位，商數第三位數得 0 ＋ 2 ＝ 2。

⑧ 餘數 5

打通任督二脈

我們以「5873÷9 ＝？」為例來說明：

⑴被除數 5873

$= 5\times1000+8\times100+7\times10+3$

$= 5\times(999+1)+8\times(99+1)+7\times(9+1)+3$

$= 5\times(900+90+9+1)+8\times(90+9+1)+7\times(9+1)+3$

$= 5\times900+(5+8)\times90+(5+8+7)\times9+(5+8+7+3)$

$= 5\times100\times9+(5+8)\times10\times9+(5+8+7)\times9+(5+8+7+3)$

⑵上式將 5873 變化成三項含有 9 的乘積項，以及一項沒有 9 的乘積項。

⑶所以在進行「5873÷9」時，會出現三項的整除項，成為商數的來源；而第四項沒有 9 的乘積，自然成為餘數的來源。

玩出聰明左右腦 Answer

它們應是按下列順序排列：1，1，2，3，5，8，13，21。明顯得知，前兩數之和等於後一個數，此為世界著名的「費波納契數列」。

(4)商數項的部分：5×100 ＋（5 ＋ 8）×10 ＋（5 ＋ 8 ＋ 7）正好符合「請你跟我這樣做」的步驟。

「5×100」…… 符合被除數第一位數是商數第一位數

「（5 ＋ 8）×10」…… 符合被除數前二個數的和是商數第二位數

「5 ＋ 8 ＋ 7」…… 符合被除數前三個數的和是商數第三位數

(5)餘數項的部分：

「5 ＋ 8 ＋ 7 ＋ 3」…… 符合被除數所有數字相加是餘數

(6)當然，商數項滿 10 進位，以及餘數項滿 9 進位到商數項，就很明顯看出來了。

過關斬將

(1)476÷9 ＝

(2)739÷9 ＝

(3)368÷9 ＝

(4)813÷9 ＝

(5)2367÷9 ＝

(6)6570÷9 ＝

(7)88629÷9 ＝

(8)75264÷9 ＝

叮嚀與提示

(1)本節方法將除法變成簡單的加法運算，直接從被除數利用加法及進位，算出商數及餘數，十分便利快速。

(2)請特別留意：商數是滿 10 進位，餘數是滿 9 進位到商數。

玩出聰明左右腦 Question

【傾斜的線條】 如圖所示，仔細觀察圖中豎直的線條是傾斜的嗎？

Chapter 2

魔法般的瞬間破題

對於計算中常碰到的分數運算、平方、平方根與立方根的計算、聯立方程式的求解，甚至公式繁多的三角函數，以及基本統計的計算，常在解題時受到阻礙，我們好好從基礎開始，一次搞定。

瞬間破題的精彩內容

Chapter 2

1 分數四則運算

四則運算是指加、減、乘、除，我們已在前一章節討論許多整數的四則運算，本節則探討分數的運算性質。依據特性，分成加減法、乘法及除法三部分來討論。能化為 $\frac{q}{p}$ 的型態，且 p、q 皆為整數者其中 $p \neq 0$，稱為分數。p 稱為分母，q 稱為分子。

(1)若 $0 < q < p$ 時，$\frac{q}{p}$ 稱為真分數；否則，$\frac{q}{p}$ 稱為假分數；形如 $2\frac{1}{3}$ 的分數，則稱為帶分數。

(2)一分數經化簡後（合併符號、約分），若分子與分母的絕對值互質（分子與分母的最大公因數為 1），此分數稱為最簡分數。

(3)一分數分子、分母同乘一整數，所得的分數稱為原分數的擴分；一分數分子、分母同除一公因數，所得的分數稱為原分數之約分；一分數擴分或約分後所得的分數，其值和原分數相同，稱為等值分數。

分數四則運算

$\frac{\text{分子(部分)}}{\text{分母(全體)}}$：分母表示一個數被分成幾等份，分子表示這個數在被分成的若干等份中所占的份數。分數的乘法計算出來的結果不一定會愈乘越大，分數的除法也不一定愈除愈小，要視乘數與除數的單位而定。

熱身練習

(1) $\frac{5}{6}+\frac{4}{7}=$

(2) $3\frac{7}{12}+1\frac{5}{18}=$

(3) $\frac{5}{8}-\frac{1}{3}=$

(4) $5\frac{7}{12}-2\frac{3}{8}=$

(5) $\frac{2}{13}\times\frac{3}{4}=$

(6) $3\frac{1}{4}\times2\frac{2}{13}=$

(7) $\frac{11}{12}\div\frac{7}{8}=$

(8) $3\frac{1}{9}\div1\frac{3}{4}=$

答對題數		作答時間	

玩出聰明左右腦 Answer

此為著名的「視覺傾斜感應」。儘管中間的線條看起來有點朝外傾斜，但它確實是條直線。斜線會引起人類方向感的錯覺，使傾斜的視覺反應變得更為強烈。

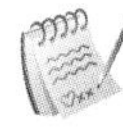

請你跟我這樣做

㈠ 加減法運算

Step1 如果題目中有帶分數（帶有整數的分數），先進行整數部分的加減法。

Step2 接著進行兩個真分數（分子小於分母）的計算。

Step3 兩個分數的分母相乘，成為答案的分母。

Step4 被加數（或被減數）的分子乘以加數（或減數）的分母。

Step5 被加數（或被減數）的分母乘以加數（或減數）的分子。

Step6 以步驟 4 加上（或減去）步驟 5 成為答案的分子。

Step7 答案的分子及分母進行約分至最簡分數（分子與分母的最大公因數為 1），再加上步驟 1 的整數部分，即得最後答案。

範例 1

$3\frac{7}{12}+1\frac{5}{18}=?$

① 兩分數的整數部分相加

$3+1=4$

② 兩個真分數的分母相乘，當答案的分母。

$12\times18=216$

③ 兩個真分數的分子與分母交叉互乘後再相加，當答案的分子。

$7\times18+12\times5=186$

玩出聰明左右腦 Question

【火柴變形】 圖中用 12 根火柴排成 6 個正三角形，每次移動 2 根，使正三角形分別變為 5 個，4 個，3 個，2 個。請問該如何移動呢？

④ 前兩步驟所求的分子與分母進行約分。

$$\frac{186}{216}=\frac{31}{36}$$

⑤ 將步驟 ① 所得的整數與步驟 ④ 的分數相加，即是答案。

$$4+\frac{31}{36}=4\frac{31}{36}$$

範例2

$$5\frac{7}{12}-2\frac{3}{8}=?$$

① 兩分數的整數部分相減

$5-2=3$

② 兩個真分數的分母相乘，為答案的分母

$12\times8=96$

③ 被減數的分子乘以減數的分母，所得的數**減去**被減數的分母乘以減數的分子所得的數，為答案的分子。

$7\times8-12\times3=20$

④ 將前兩步驟所求的分子與分母進行約分。

$$\frac{20}{96}=\frac{5}{24}$$

⑤ 將步驟 ① 所得的整數與步驟 ④ 的分數相加，即是答案。

$$3+\frac{5}{24}=3\frac{5}{24}$$

玩出聰明左右腦 Answer

5 個三角形

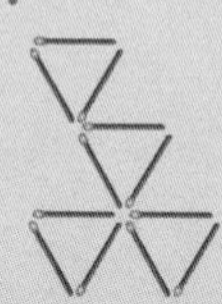

4 個三角形

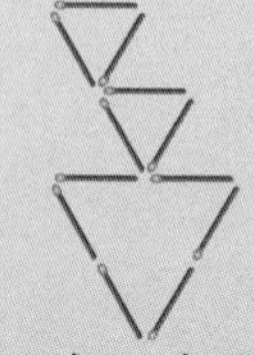

3 個三角形

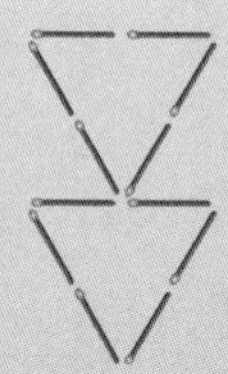

2 個三角形

請你跟我這樣做

㈡ 乘法運算

Step1 如果題目中有帶分數，先化為假分數（分子大於分母）。

Step2 將兩個分數的分母相乘，成為答案的分母。

Step3 將兩個分數的分子相乘，成為答案的分子。

Step4 將得到的分數進行約分至最簡分數，即得最後答案。

範例3

$3\frac{1}{4}\times 2\frac{2}{13}=?$

① 將兩個帶分數相乘化為兩個假分數相乘。

$\frac{13}{4}\times\frac{28}{13}$

② 兩分母相乘當答案的分母，分子相乘當答案的分子。

$\frac{13}{4}\times\frac{28}{13}=\frac{13\times 28}{4\times 13}$

③ 將分數約分至最簡分數，即得答案。

$\frac{{}^{1}\cancel{13}\times\cancel{28}^{7}}{{}_{1}\cancel{4}\times\cancel{13}_{1}}=\frac{7}{1}=7$

玩出聰明左右腦 Question

【桌曆日期】 一天，小明的爸爸出了一道題目來考他。如圖所示，桌曆上斜著的三個日期，其數字之和為 42，請幫忙小明答出這三個日期為何？

請你跟我這樣做

㈢除法運算

Step1 如果題目中有帶分數，先化為假分數。

Step2 將除數的分子與分母對調，成為倒數，並將除號「÷」改為乘號「×」，除法運算變成乘法運算。

Step3 步驟同乘法運算：兩分數的分母相乘為答案的分母，分子相乘為答案的分子。

Step4 分數進行約分處理至最簡分數，即得最後答案。

範例4

$3\frac{1}{9} \div 1\frac{3}{4} = ?$

①將兩個帶分數相除化為兩個假分數相除。

$\frac{28}{9} \div \frac{7}{4}$

②將除數寫成倒數，再將除號「÷」改為乘號「×」。

$\frac{28}{9} \div \frac{7}{4} = \frac{28}{9} \times \frac{4}{7}$

③兩分母相乘當答案的分母，兩分子相乘當答案的分子。

$\frac{28}{9} \times \frac{4}{7} = \frac{28 \times 4}{9 \times 7}$

④將分數約分至最簡分數，即得答案。

$\frac{\overset{4}{\cancel{28}} \times 4}{9 \times \underset{1}{\cancel{7}}} = \frac{16}{9}$

玩出聰明左右腦 Answer

這3個日期分別是星期二、星期三、星期四。假設星期三的日期為X，則（X－8）＋X＋（X＋8）＝42，可得出X＝14。因此這三天為6號、14號、22號。

打通任督二脈

(1)在分數的加減法運算中，遇到分母不同時，要**先進行通分**（即化為相同的分母）。一般的做法，是取**兩分母的最小公倍數**，但等於多了一道運算步驟。本節的方法是直接將兩個分母相乘，省略求最小公倍數的時間，加快了運算速度。

(2)加減法的分子部分，也因為分母的求法簡單化，讓分子直接成為兩分數的分子及分母交叉互乘再加減的得數。馬上可以用第一章整數四則運算的各種方法，又加快了計算速度，一氣呵成！

舉例來說：「$\frac{5}{6}+\frac{7}{8}=$？」

$$\frac{5}{6}\times\frac{7}{8}=\frac{5\times8+6\times7}{6\times8}=\frac{40+42}{48}=\frac{82}{48}=\frac{41}{24}$$

上式的「6×8」是兩分母的相乘

「5×8 ＋ 6×7」是兩分數的分子與分母交叉互乘再相加

再接著進行最後的約分，答案順利求出。

(3)分數的乘法或除法與一般所用的方法並無不同，何時進行約分化簡，可以視題目而定，方便運算即可。

玩出聰明左右腦 Question

【轉動的距離】 兩個圓環，半徑分別是 1 和 2，小圓在大圓內繞圓周一圈，請問小圓自己轉了幾圈？如果在大圓外部，小圓又轉了幾圈呢？

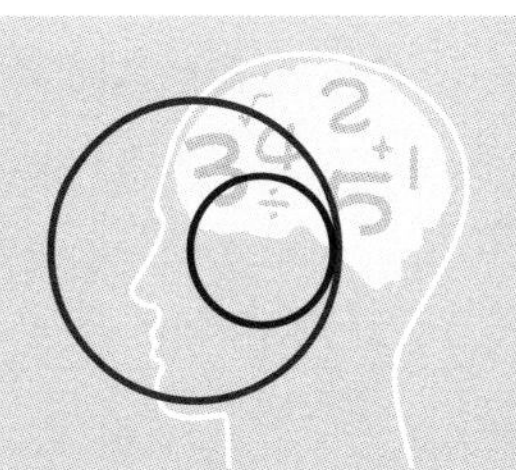

過關斬將

(1) $1\frac{3}{5}+3\frac{7}{8}=$

(2) $6\frac{2}{7}+\frac{1}{9}=$

(3) $\frac{11}{12}-\frac{2}{5}=$

(4) $2\frac{3}{19}-1\frac{7}{8}=$

(5) $\frac{6}{7}\times 1\frac{1}{3}=$

(6) $4\frac{2}{3}\times 1\frac{1}{7}=$

(7) $\frac{9}{13}\div 1\frac{2}{5}=$

(8) $\frac{7}{12}\div 2\frac{5}{6}=$

叮嚀與提示

分數的四則運算，實際上與整數的四則運算相同，只是數字分別歸於分子或分母而已。讀者只要熟練第一章的運算技巧，對於分數運算則可如行雲流水般的輕鬆完成。

玩出聰明左右腦 Answer

小圓繞 2 圈的距離等於大圓的圓周長，因此答案為 2 圈。而內圈和外圈的答案相同，長度並不會因為換地方轉動而改變。

Chapter 2

② 平方與平方根

由畢氏定理或面積與邊長的關係，可引入新的數——根號數或稱方根。平方根（二次方根）的學習對同學而言，是一個全新的經驗。它不但是一種新的數，而且是以長度量的方式來引入（不像有理數、負數用數的方式來引入）；而根式的計算又和代數運算（尤其是不定元的演算）有莫大的關係，但是同學千萬不能將根號數當做抽象的代數符號來運算喔。平方並非原數「乘以 2」，平方根也不是原數「除以 2」，許多初學者會「霧中看花，愈看愈花」。且讓王博士細說解法，撥雲見日。

平方與平方根

將兩個面積為 1 的小正方形拼成一個面積為 2 的大正方形，根據平方根的概念和表示方法，此大正方形的邊長即為$\sqrt{2}$（讀作根號二）。亦即，$\sqrt{2}\times\sqrt{2}=(\sqrt{2})^2=2$。

熱身練習

(1)$52^2=$

(2)$86^2=$

(3)$128^2=$

(4)$705^2=$

(5)$\sqrt{676}=$

(6)$\sqrt{5329}=$

(7)$\sqrt{18769}=$

(8)$\sqrt{725904}=$

答對題數		作答時間	

玩出聰明左右腦 Question

【火柴遊戲】 此為 20 根火柴排成的圖形，請移動其中 4 根火柴，使其變成 3 個形狀、面積相同的圖形。

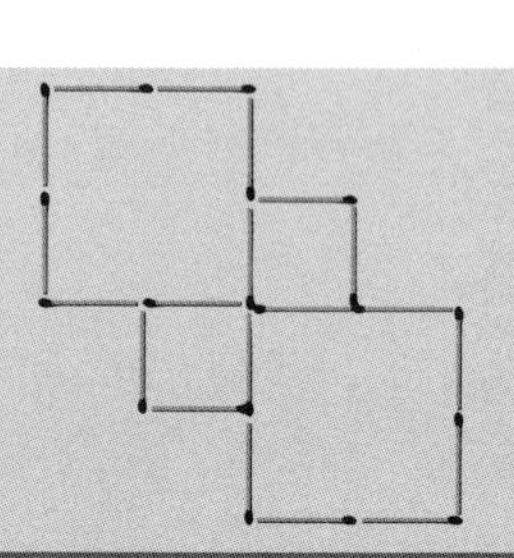

請你跟我這樣做

㈠ 平方運算（以兩位數的平方作法說明）

Step1 將十位數字自乘一次。

Step2 將個位數字也自乘一次，得 2 位數。

Step3 把步驟 1 的得數寫在步驟 2 得數之前。

Step4 把十位數字與個位數字相乘，再乘以 20。

Step5 將步驟 3 與步驟 4 的得數相加即可。

範例 1

$52^2 = ?$

① 十位數 5 自乘一次。

$5 \times 5 = 25$

② 個位數 2 自乘一次

$2 \times 2 = 4$，由於 $4 < 10$，所以寫成二位數「04」

③ 步驟 ① 的得數寫在步驟 ② 得數之前。

2504

④ 十位數字 5 與個位數字 2 相乘，再乘以 20。

$5 \times 2 = 10$，$10 \times 20 = 200$

⑤ 步驟 ③ 與步驟 ④ 的得數相加。

$2504 + 200 = 2704$

玩出聰明左右腦 Answer

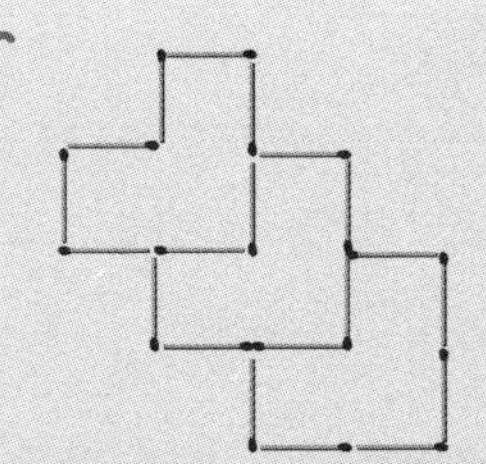

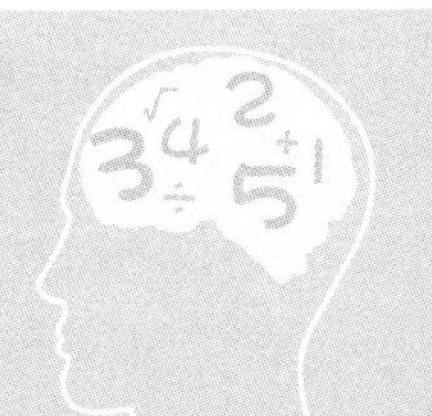

範例2

$128^2 = ?$

① 百位與十位數字看成一數 12，並自乘一次。

$12 \times 12 = 144$

② 個位數字 8 自乘一次。

$8 \times 8 = 64$

③ 步驟 ① 的得數，寫在步驟 ② 得數之前。

14464

④ 將百位與十位數 12，乘以個位數 8，再乘以 20。

$12 \times 8 = 96$，$96 \times 20 = 1920$

⑤ 將步驟 ③ 與步驟 ④ 的得數相加。

$14464 + 1920 = 16384$

請你跟我這樣做

(二) 平方根運算

Step1 由小數點開始，向左及向右每 2 位數字做一標記，將原數字分成若干組。

Step2 從最左邊的一組開始計算，找出一整數 A 的平方最接近且不大於該組的數，相減並記下差數，而數 A 即是答案的第一位數。

Step3 下降左邊第二組數字，寫在步驟 2 差數的後面，成為一個新數。

玩出聰明左右腦 Question

【母雞下蛋】 一隻母雞想使格子中的橫列、豎行和斜線的下蛋數量不超過兩顆。圖中已有兩顆雞蛋，因而不能在這條對角線上下蛋。請於圖中標註母雞最多能在格子裡下多少顆蛋？

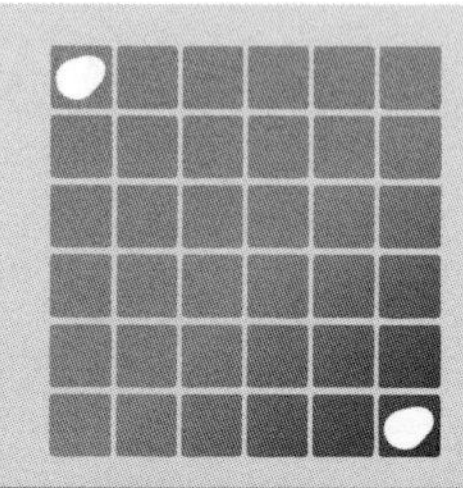

Step4 將數 A 乘以 20，再加上一整數 B，將此得數乘以 B 後，能最接近且不大於步驟 3 的新數。相減後並記下差數，而數 B 即是答案的第二位數。

Step5 依序下降左邊第三組數字，重複步驟 3 及步驟 4 的方法，即可順利求出答案的其他位數。

範例3

$\sqrt{5329}=?$

① 從小數點開始，**每兩位數字做一標記**分組。

53 , 29

② 由最左邊一組數 53 開始運算，找一整數 A 的平方最接近且不大於 53 的數 A。

$7^2=49$，$8^2=64$，7 的平方 49 最接近且不大於 53，所以取 A ＝ 7，**7 為答案的第一位數**。

③ 將 53 減去 7 的平方數

$53-7^2=53-49=4$

④ 下降第二組數字 29，並寫在差數 4 的後面。

429

⑤ 將答案第一位數 7 乘以 20，再加上另一數 B。

$7\times20+B=140+B$

⑥ 將新數（140 ＋ B）乘以 B，讓此得數最接近且不大於 429，**數 B 即為答案的第二位數字**。

$(140+B)\times B\leq429\Rightarrow(140+3)\times3=429$，所以 B ＝ 3

玩出聰明左右腦 Answer

母雞能在格子裡下 12 顆蛋。

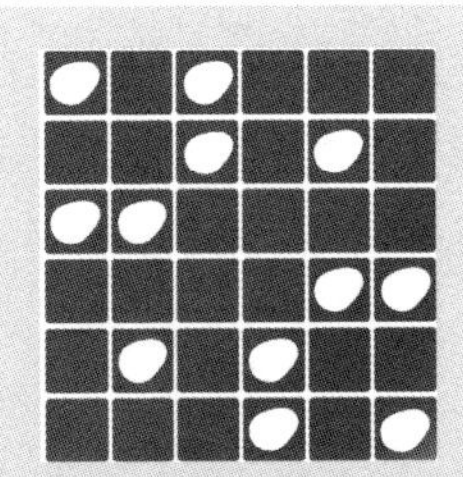

⑦步驟④下降後的數 429 減去步驟⑥的得數 429 等於 0，運算完畢。

所以 $\sqrt{5329} = AB = 73$

我們以直式運算表達如下：

```
           7     3
     ┌──────────────
  7  │  5  3 , 2  9
       - 4  9          ·····► 7² ≤ 53，答案第一位數取 7
     ┌──────────────
143  │     4    2  9   ·····► 29 下降成為 429
       -   4    2  9   ·····► (7×20 + 3) ×3 = 143×3 = 429
      ───────────────
                   0   ·····► 相減為 0，計算完畢
```

所以 $\sqrt{5329} = 73$

範例4

$\sqrt{881721} = ?$

①由小數點開始，**每兩位數做一標記分組**。

88 , 17 , 21

②由最左邊一組數 88 開始運算，找一數 A 的平方最接近而且不大於 88 的數。

$9^2 = 81$，$10^2 = 100$，得到 $9^2 = 81$ 最接近且不大於 88，故取 A = 9，**9 即為答案的第一位數**。

③將 88 減去 9 的平方數

$88 - 9^2 = 88 - 81 = 7$

④下降第二組數 17，並寫在差數 7 的後面。

717

⑤將答案第一位數 9 乘以 20，再加上另一數 B。

$9 \times 20 + B = 180 + B$

玩出聰明左右腦 Question

【杯底不溼】 有一個玻璃杯，杯子中的底部是乾的，現在把杯子放進裝滿水的盆中，但要求杯子的底部仍是乾的，請問該如何放呢？

⑥ 將新數（180 + B）乘以 B，讓此得數最接近且不大於 717，B 即為答案的第二位數字。

（180 + B）×B ≤ 717 ⇒（180 + 3）×3 = 549，所以取 B = 3

⑦ 將步驟 ④ 下降後的數 717 減去步驟 ⑥ 的得數 549。

717 − 549 = 168

⑧ 順序下降第三組數 21，並寫在差數 168 的後面。

16821

⑨ 將答案前兩位數 93 乘以 20，再加上另一數 C。

93×20 + C = 1860 + C

⑩ 將新數（1860 + C）乘以 C，讓此數最接近且不大於 16821，C 即為答案的第三數字。

（1860 + C）×C ≤ 16821 ⇒（1860 + 9）×9 = 16821，所以取 C = 9

⑪ 將步驟 ⑧ 下降後的數 16821 減去步驟 ⑩ 的得數 16821 等於 0，運算完畢。

所以 $\sqrt{881721}$ = ABC = 939

我們以直式運算表達如下：

```
          9    3    9
    9)  8 8 , 1 7 , 2 1
       − 8 1              ------> 9² ≤ 88，答案第一位數取 9
  183)     7  1  7        ------> 17 下降成為 717
       −   5  4  9        ------> (9×20 + 3)×3 = 183×3 = 549
 1869)     1  6 8  2 1    ------> 21 下降成 16821
       −   1  6 8  2 1    ------> (93×20 + 9)×9 = 1869×9 = 16821
                     0    ------> 相減為 0，計算完畢
```

所以 $\sqrt{881721}$ = 939

玩出聰明左右腦 Answer

把杯子倒著放進水裡，此時由於杯中充滿空氣而產生壓力，使得水不能流進去，杯子底部也就不會弄溼。

打通任督二脈

⑴在平方運算方面，我們以數學運算「和平方公式：$(a+b)^2=a^2+2ab+b^2$」推導如下：

假設一個兩位數為 86，此數的平方

$$86^2=(8\times10+6)^2=(8\times10)^2+6^2+2\times8\times10\times6$$
$$=8^2\times100+6^2+8\times6\times20=6400+36+48\times20$$
$$=6436+960=7396$$

①其中 6436 即為十位數字 8 的平方寫在個位數字 6 的平方之前的數，符合「請你跟我這樣做」的步驟 ① 到步驟 ③。

②960 是 $8\times6\times20$ 而來的，符合步驟 ④ 的說明。

⑵至於百位數的平方運算，我們仍然可以依照「和平方」的公式證明，舉「$128^2=?$」為例，我們先把 128 拆成「120」與「8」，推導如下：

$$128^2=(120+8)^2=120^2+8^2+2\times120\times8$$
$$=(12\times10)^2+8^2+2\times12\times10\times8$$
$$=12^2\times100+8^2+12\times8\times20=14400+64+96\times20$$
$$=14464+1920=16384$$

①其中 14464 是 12 的平方寫在 8 的平方之前的數，符合「請你跟我這樣做」的步驟 ① 到步驟 ③。

②1920 是 $12\times8\times20$ 而來的，符合步驟 ④ 的說明。

⑶在平方根運算方面，其實也是「和平方公式」概念的推導，很有意思吧！

玩出聰明左右腦 Question

【變三角形】 10 枚硬幣排成倒三角形，如果想使三角形朝上，只允許移動 3 枚硬幣，該如何辦到呢？

和平方公式：$(a+b)^2 = a^2 + 2ab + b^2$

我們移項處理成 $(a+b)^2 - a^2 = 2ab + b^2 = (2a+b)\times b$ ⋯❶

或者 $(a+b)^2 - (2a+b)\times b = a^2$ ⋯⋯⋯⋯⋯⋯⋯❷

平方根的運算，就是以❶式及❷式交叉應用的原理求出答案。

(4)舉「$\sqrt{881721} = ?$」來說：

```
          9    3    9
   9 )  8 8 , 1 7 , 2 1
      - 8 1
 183 )    7   1 7
      -   5   4 9
1869 )    1   6 8   2 1
      -   1   6 8   2 1
      ---------------------
                        0
```

①其中 $88 - 81 = 7$ 就是

$(a+b)^2 - a^2 = (2a+b)\times b$ 的運用

②$717 - 549 = 168$ 就是

$(a+b)^2 - (2a+b)\times b = a^2$ 的運用

運算中不斷用❶式與❷式去逼近答案，最後終於水落石出！

(5)1 的平方數到 9 的平方數都在**兩位數以內**，所以才會每兩位標記分組。

玩出聰明左右腦 Answer

過關斬將

(1) $76^2 =$

(2) $39^2 =$

(3) $139^2 =$

(4) $256^2 =$

(5) $\sqrt{1089} =$

(6) $\sqrt{729} =$

(7) $\sqrt{126736} =$

(8) $\sqrt{475.24} =$

叮嚀與提示

⑴百位數字或百位數字以上的平方運算，是可以拆成兩部分，分別以兩位數的平方運算後，再組合起來。

以範例2「$128^2 =$？」而言，將128拆成12和8，其中12的平方即可再次運用兩位數的平方運算處理，再與其他項相加結合。

⑵兩位數的平方算法，也可以應用本書3-4節的「十位數相同，個位數為任意數的乘法運算」，兩節相互印證，細加品味，會讓讀者在計算上更如虎添翼！

⑶**平方根的運算法則，當然也可以運用在小數的計算上**。但要注意的是，從小數點開始，**向左及向右都是每兩位做標記分組**，每一循環運算時，都是下降兩位來參與計算即可。

⑷由於計算機的普遍使用，一般人對於平方根的計算，往往「一指神功」就解決了。在此拋磚引玉，提供讀者另一方面的計算思考，體驗數學的「柳岸花明又一村」！

玩出聰明左右腦 Question

【變字遊戲】 請移動3根火柴棒，使「田」字變成「品」字。

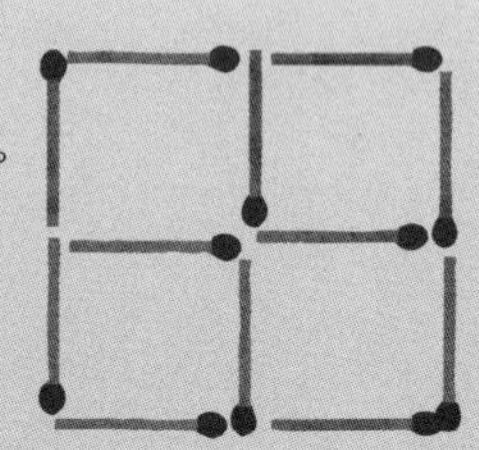

Chapter 2

③ 立方根

大部分讀者對於平方根比較熟悉，但是對立方根可能較為生疏。事實上這兩種都是平方與立方的反運算概念。立方是某數 A 連續自乘三次後得到數 B，而立方根則是要知道什麼數自乘三次後會等於數 B。

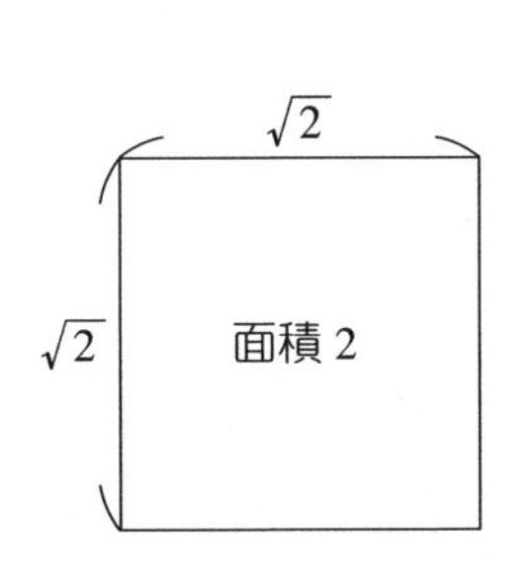

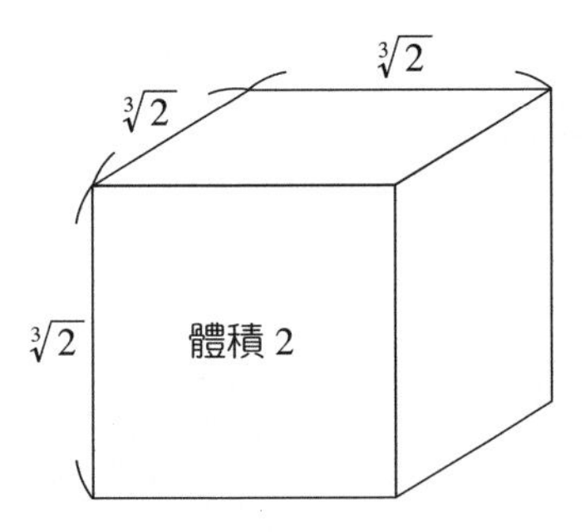

立方根

體積為 2 的大正方體，根據立方根的概念和表示方法，此大正方體的邊長即為$\sqrt[3]{2}$（讀作三次根號二）。亦即，$\sqrt[3]{2}\times\sqrt[3]{2}\times\sqrt[3]{2}=(\sqrt[3]{2})^3=2$。

熱身練習

(1) $\sqrt[3]{343}=$

(2) $\sqrt[3]{512}=$

(3) $\sqrt[3]{1728}=$

(4) $\sqrt[3]{5832}=$

(5) $\sqrt[3]{39304}=$

(6) $\sqrt[3]{12167}=$

(7) $\sqrt[3]{300763}=$

(8) $\sqrt[3]{778688}=$

答對題數		作答時間	

玩出聰明左右腦 Answer

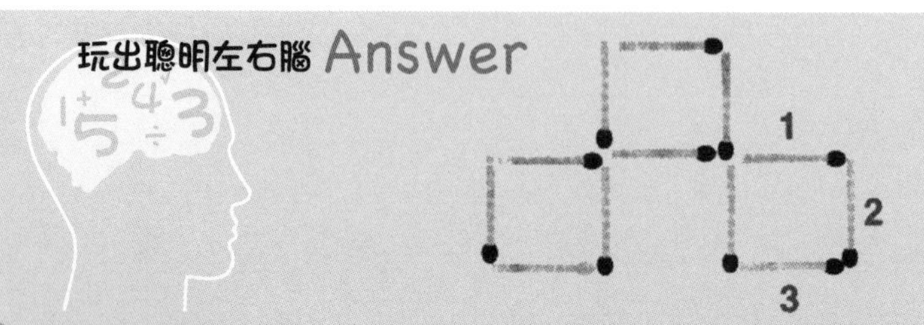

請你跟我這樣做

在討論步驟前，我們先做個立方運算的整理：

數字	1	2	3	4	5	6	7	8	9
立方數	1^3	2^3	3^3	4^3	5^3	6^3	7^3	8^3	9^3
得數	1	8	27	64	125	216	343	512	729
得數之個位數	1	8	7	4	5	6	3	2	9

上表是從1到9的數，經過立方（三次方）運算後，得數及其個位數字整理於最下兩列。

Step1 由個位數字開始，向左邊每三位數字做一標記分組。

Step2 從最左邊一組觀察，找出一數 A 的立方最接近且不大於該組的數（可以參考上面表格的得數），而數 A 即是答案的第一位數字。

Step3 再觀察左邊第二組數字，它的個位數字對照上面表格的個位數欄，即可以得到答案的第二位數字。

範例1

$\sqrt[3]{1728} = ?$

① 由個位數字開始，向左邊每三位數字做標記分組。

1 , 728

② 先觀察左邊組別的數「1」，找出一數 A 的立方最接近且不大於 1 的數。

$1^3 \leq 1$，所以數 A 為 1，即答案的第一位數。

玩出聰明左右腦 Question

【三個數】 有三個不是 0 的數，其乘積與相加之和都是相同數字。請問，這三個數分別是多少呢？

③ 再觀察右邊組別的數「728」，由表中查出個位數吻合的數。
由表格看，個位數欄中的數 8 與「728」中的個位數 8 吻合，對應的數為 2，所以 **2 即為答案的第二位數**。

④ 由前兩步驟得到答案為 12
所以 $\sqrt[3]{1728} = 12$

範例2

$\sqrt[3]{39304} = ?$

① 由個位數開始，向左邊每三位數字做標記分組。
39 , 304

② 先觀察左邊組別的數「39」，找出一數 A 的立方最接近且不大於 39 的數。
可由表格中知 $3^3 = 27 \leq 39$，所以**數 A 為 3，即得答案的第一位數字**。

③ 再觀察右邊的數「304」，由表中查出個位數吻合的數。
由表格的個位數欄中，查得數 4 與「304」中的個位數 4 吻合，對應的數字為 4，所以答案的**第二位數為 4**。

④ 由前兩步驟得到答案為 34。
所以 $\sqrt[3]{39304} = 34$

範例3

$\sqrt[3]{300763} = ?$

① 由個位數字開始，向左邊每三位數做標記分組。
300 , 763

② 先觀察左邊組別的數「300」，找出一數 A 的立方最接近且不大於 300 的數。

玩出聰明左右腦 Answer

$1 \times 2 \times 3 = 6$；$1 + 2 + 3 = 6$。

可由表格中的得數知 $6^3 = 216 < 300$，所以數 A 為 6，即答案的**第一位數字為 6**。

③ 再觀察右邊組別的數「763」，由表格中查出與個位數 3 吻合的數。由表格知，個位數欄中的 3 與「763」中的個位數 3 吻合，對應的數為 7，所以答案的**第二位數為 7**。

④ 由前兩步驟得到答案為 67

所以 $\sqrt[3]{300763} = 67$

打通任督二脈

⑴我們可以發現，在 **1 的立方數到 9 的立方數運算中，都在三位數之內**，所以在解立方根運算前，才會每三位數做一標記。

⑵這個原理也適用於前一節的平方根運算，1 的平方數到 9 的平方數都在二位數以內，所以平方根運算是取每二位數做一標記。

⑶**個位數**中最大的數是 9，其立方數 729 **在三位數之內**；而**二位數**中最大的數是 99，其立方數 970299 **不超過六位數**，這也告訴我們，**立方根運算前的分組就是答案的位數**。舉例來說，一個八位數的立方根運算，因為可以分三組，所以運算後的答案必為三位數。

⑷如果題目有小數的部分，也是要分組，從小數點往右每三位做一標記。

玩出聰明左右腦 Question

【尋找對應數】 九宮格中，分別有 1 ～ 9 等九個數字依序排列，如果圖 1 的陰影代表 4。那麼，圖 2 陰影代表的數字為何？

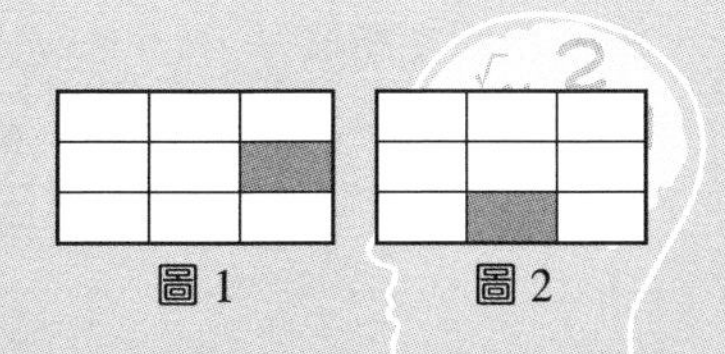

過關斬將

(1) $\sqrt[3]{3375}=$

(2) $\sqrt[3]{4913}=$

(3) $\sqrt[3]{17576}=$

(4) $\sqrt[3]{29791}=$

(5) $\sqrt[3]{74088}=$

(6) $\sqrt[3]{185193}=$

(7) $\sqrt[3]{262144}=$

(8) $\sqrt[3]{704969}=$

叮嚀與提示

(1)本節的運算步驟只適用於完全立方數，對於完全立方數以外的數，則可以用來預估近似值。

(2)超過六位數以上的立方根運算，由於較為複雜，需要用到「和立方公式」：$(a+b)^3=a^3+3a^2b+3ab^2+b^3$，解題步驟比較繁瑣，讀者可利用先前建構的概念推演，本節就不再介紹。

玩出聰明左右腦 Answer

8。在圖中的方格編入1到9的號碼，從左上角開始，先從左到右，再從右到左，最後則從左到右。

1	2	3
6	5	4
7	8	9

Chapter 2

④ 解聯立方程式

解決應用問題是學習數學很重要的一個目標，而解方程式則是解題活動中，既重要又較有系統的一環。同學現階段最根本的解方程式原理為等量公理與移項規則，確實認識其使用時機與活用，而不是死記公式，才能提升數學能力。自國中開始有聯立方程式後，即存在各式各樣的題型與學生如影隨形，一起成長。如何知己知彼，而且快速正確地運算，是我們這個單元要加強的。

⑴等量公理：當等號左右兩邊相等時，於等號兩邊各加、減、乘或除以同一個數（不可同時除以 0），等號兩邊仍會維持相等。

⑵移項法則：在等式中，將一個數或未知數從等號的一邊移到另一邊應遵守：加換成減、減換成加、乘換成除、除換成乘等規則。

解聯立方程式

在解決兩個未知數的數學問題上，先將其中一個未知數固定不變，然後再考慮另一個未知數的差異，如此便可以很輕易地解決二元一次聯立方程式的問題了。

熱身練習

(1) $\begin{cases} 2x + 3y = -1 \\ 3x - y = 4 \end{cases} \Rightarrow \begin{cases} x = \\ y = \end{cases}$

(2) $\begin{cases} 5x - 2y = 12 \\ 4x + 3y = 5 \end{cases} \Rightarrow \begin{cases} x = \\ y = \end{cases}$

(3) $\begin{cases} 7x + 6y = 9 \\ 5x - 4y = 23 \end{cases} \Rightarrow \begin{cases} x = \\ y = \end{cases}$

(4) $\begin{cases} 6x - y = 8 \\ 3x + 5y = -7 \end{cases} \Rightarrow \begin{cases} x = \\ y = \end{cases}$

(5) $\begin{cases} 4x + 5y = -6 \\ 3x - 7y = 17 \end{cases} \Rightarrow \begin{cases} x = \\ y = \end{cases}$

(6) $\begin{cases} 2x + 3y = 3 \\ x - 7y = 10 \end{cases} \Rightarrow \begin{cases} x = \\ y = \end{cases}$

(7) $\begin{cases} 5x + 8y = 2 \\ 6x + 5y = 7 \end{cases} \Rightarrow \begin{cases} x = \\ y = \end{cases}$

答對題數		作答時間	

玩出聰明左右腦 Question

【多少個等邊三角形？】 發揮想像力，仔細分析圖中到底有多少個大小不同的等邊三角形呢？

請你跟我這樣做

Step1 將第❶列 x 的係數乘以第❷列 y 的係數，減去第❶列 y 的係數乘以第❷列 x 的係數，算出的得數是 x 及 y 的分母。

Step2 將第❶列的常數乘以第❷列 y 的係數，再減去第❶列 y 的係數乘以第❷列的常數，算出的得數是 x 的分子。

Step3 將第❶列 x 的係數乘以第❷列的常數，再減去第❶列的常數乘以第❷列 x 的係數，算出的得數是 y 的分子。

Step4 結合步驟 1 所得的分母，與步驟 2 所得 x 的分子，就是 x 的解。

Step5 結合步驟 1 所得的分母，與步驟 3 所得 y 的分子，就是 y 的解。

範例1

$$\begin{cases} 2x + 3y = -1 \cdots\cdots ❶ \\ 3x - y = 4 \cdots\cdots ❷ \end{cases}$$

① 將第❶列 x 的係數 2 乘以第❷列 y 的係數（－ 1），減去第❶列 y 的係數 3 乘以第❷列 x 的係數 3。

$$\begin{matrix} 2x & 3y \\ 3x & -y \end{matrix} \Rightarrow 2\times(-1) - 3\times3 = -11$$ 為 x 及 y 的分母

② 將第❶列的常數（－ 1）乘以第❷列 y 的係數（－ 1），減去第❶列 y 的係數 3 乘以第❷列的常數 4。

$$\begin{matrix} -1 & 3y \\ 4 & -y \end{matrix} \Rightarrow (-1)\times(-1) - 3\times4 = -11$$ 為 x 的分子

玩出聰明左右腦 Answer

35 個。

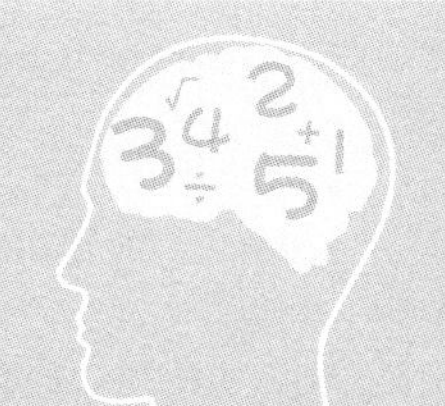

③將第❶列 x 的係數 2 乘以第❷列的常數 4，減第❶列的常數（－ 1）乘以第❷列 x 的係數 3。

$$\begin{matrix} 2x & -1 \\ 3x & 4 \end{matrix} \Rightarrow 2\times4-(-1)\times3=11$$ 為 y 的分子

④步驟①的分母(－ 11)與步驟②之 x 的分子(－ 11)組合成 x 的解。

$$x=\frac{-11}{-11}=1$$

⑤步驟①的分母（－ 11）與步驟③之 y 的分子 11 組合成 y 的解。

$$y=\frac{11}{-11}=-1$$

所以聯立解得 $x=1$，$y=-1$

範例2

$$\begin{cases} 6x-y=8 \cdots\cdots❶ \\ 3x+5y=-7 \cdots\cdots❷ \end{cases}$$

①將第❶列 x 的係數 6 乘以第❷列 y 的係數 5，減去第❶列 y 的係數（－ 1）乘以第❷列 x 的係數 3。

$$\begin{matrix} 6x & -y \\ 3x & 5y \end{matrix} \Rightarrow 6\times5-(-1)\times3=33$$ 為 x 及 y 的分母

②將第❶列的常數 8 乘以第❷列 y 的係數 5，減去第❶列 y 的係數（－ 1）乘以第❷列的常數（－ 7）。

$$\begin{matrix} 8 & -y \\ -7 & 5y \end{matrix} \Rightarrow 8\times5-(-1)\times(-7)=33$$ 為 x 的分子

③將第❶列 x 的係數 6 乘以第❷列的常數（－ 7），減去第❶列的常數 8 乘以第❷列 x 的係數 3。

$$\begin{matrix} 6x & 8 \\ 3x & -7 \end{matrix} \Rightarrow 6\times(-7)-8\times3=-66$$ 為 y 的分子

玩出聰明左右腦 Question

【過河】一條大河上沒有橋，37 人要過河，但河上只有一條能載 5 人的小船。請問 37 人要進行多少次，才能全部過到河的對岸？

④ 步驟 ① 的分母 33 與步驟 ② 之 x 的分子 33，組合成 x 的解。

$$x = \frac{33}{33} = 1$$

⑤ 步驟 ① 的分母 33 與步驟 ③ 之 y 的分子（－ 66）組合成 y 的解。

$$y = \frac{-66}{33} = -2$$

所以聯立解得 x ＝ 1，y ＝－ 2

打通任督二脈

(1)聯立方程式的求解是有規律的，都是由對角線交叉互乘再相減而來，我們來尋根探源吧！

(2)
$$\begin{cases} ax + by = e \cdots\cdots ❶ \\ cx + dy = f \cdots\cdots ❷ \end{cases}$$

假設 a、c 是 x 的係數；b、d 是 y 的係數；e、f 是常數。

我們以「加減消去法」來進行，先求 x 的值：

❶式乘以 d，得：$adx + bdy = ed$……❸

❷式乘以 b，得：$bcx + bdy = bf$……❹

❸式減❹式，得：$(ad - bc)x = ed - bf$

移項可得 $x = \dfrac{ed - bf}{ad - bc}$

再求 y 的值：

❶式乘以 c，得：$acx + bcy = ec$……❺

❷式乘以 a，得：$acx + ady = af$……❻

❻式減❺式，得：$(ad - bc)y = af - ec$

玩出聰明左右腦 Answer

9 次。因為每次都要有一個人把船划回來。

移項可得 $y = \frac{af - ec}{ad - bc}$

x 及 y 的分母（ad－bc）符合「請你跟我這樣做」的步驟①，x 的分子（ed－bf）符合步驟②，y 的分子（af－ec）符合步驟③。

過關斬將

(1) $\begin{cases} 6x - 7y = 4 \\ 5x + 3y = 21 \end{cases} \Rightarrow \begin{cases} x = \\ y = \end{cases}$

(2) $\begin{cases} 2x - y = 4 \\ 5x + 3y = -1 \end{cases} \Rightarrow \begin{cases} x = \\ y = \end{cases}$

(3) $\begin{cases} 11x + 7y = 26 \\ 4x + 3y = 9 \end{cases} \Rightarrow \begin{cases} x = \\ y = \end{cases}$

(4) $\begin{cases} 6x + y = 9 \\ 2x + 5y = -11 \end{cases} \Rightarrow \begin{cases} x = \\ y = \end{cases}$

(5) $\begin{cases} 4x + 7y = -2 \\ 9x + 5y = 17 \end{cases} \Rightarrow \begin{cases} x = \\ y = \end{cases}$

(6) $\begin{cases} x - 5y = 15 \\ 3x + y = 13 \end{cases} \Rightarrow \begin{cases} x = \\ y = \end{cases}$

(7) $\begin{cases} 3x + 8y = 10 \\ 2x + 7y = 5 \end{cases} \Rightarrow \begin{cases} x = \\ y = \end{cases}$

(8) $\begin{cases} 9x - y = 10 \\ -3x + 2y = 10 \end{cases} \Rightarrow \begin{cases} x = \\ y = \end{cases}$

玩出聰明左右腦 Question

【歲數計算】 某人在西元前 10 年出生，在西元 10 年的生日前一天去世。請問，此人逝世時是多少歲？

★ 叮嚀與提示

(1)我們觀察 x 與 y 的分母，是將 x、y 的係數分離出來後，對角線交叉互乘再相減而得。

(2)x 的分子是將 x 的係數換成同一列的常數後，對角線交叉互乘再相減而得。

(3)y 的分子是將 y 的係數換成同一列的常數後，對角線交叉互乘再相減而得。

(4)如果有三個未知數 x、y、z 的聯立方程式求解，規律也相當，讀者可以試著 try try 看，很有意思吧！

玩出聰明左右腦 Answer

此人去世時是 18 歲。因為年號裡沒有稱為「0 年」的年，而生日前一天或者後一天之差，在年齡上就差一歲。

Chapter 2

5 三角函數

三角函數公式非常多，族繁不及備戴，也因此眾多學生不知要從何學起。在此筆者將三角函數的基本公式，以圖形輔助說明，協助分辨以方便記憶。此單元可於高中習得三角函數時再研讀。

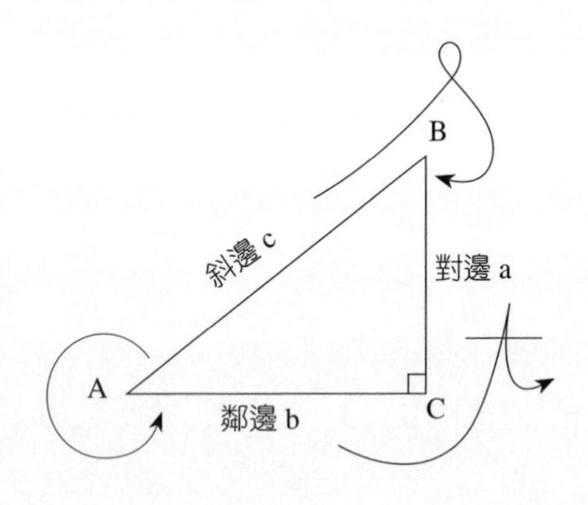

三角函數

在數學中，三角函數（也叫做圓函數）是角的函數，主要是在研究直角三角形的邊角關係裡，銳角函數值與邊的比值之間產生的聯繫，並用數學符號表之，也可以等價的定義為單位圓上之各種線段的長度。

熱身練習

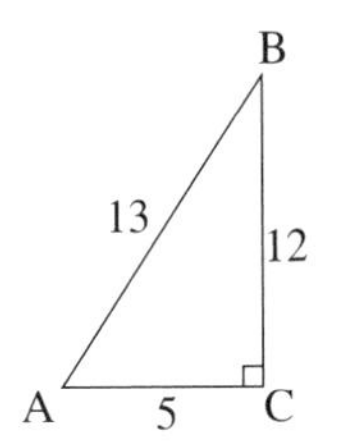

(1) $\sin A =$

(2) $\cos A =$

(3) $\cot A =$

(4) $\tan A =$

(5) $\csc A =$

(6) $\cos A \times \sec A =$

(7) $\sin^2 A + \cos^2 A =$

(8) $\tan^2 A - \sec^2 A =$

答對題數		作答時間	

玩出聰明左右腦 Question

【過河到對岸】 有 3 個人必須過河到對岸，但河上沒有橋。此時，有兩名孩子正划著一艘小船想幫助他們。可是船身太小，一次只能載一個人，若再加上一個孩子，船就會沉下去，而岸上的 3 人都不會游泳。請問，他們要怎麼做才能讓所有人都順利到達對岸呢？

以下用「三角形」及「正六角形」兩種圖形分別引入公式來介紹，不管你有沒有看過，先讓我們一起徜徉於三角函數的世界吧！

(一) 好玩的直角三角形溜滑梯

(1) 直角三角形三邊長在不同角度上，相互之間的比值有六種表示方法，即 sin、cos、tan、cot、sec、csc，這也形成六個三角函數的基本定義。然而這六個基本定義公式如何記憶而不混淆呢？我們來看下面的溜滑梯吧！

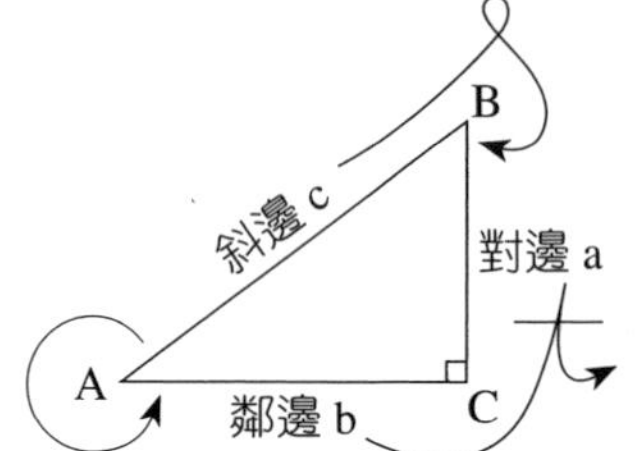

右圖中，角 C 是直角。角 A 對面的邊是「對邊 a」，角 A 隔壁鄰居的邊是「鄰邊 b」，溜滑梯的邊是「斜邊 c」。

(2) 另外我們注意到，角 A 旁邊有寫個英文字母 c 的草寫「*c*」，角 B 旁邊有寫個英文字母 s 的草寫「*s*」；角 C 旁邊有寫個英文字母 t 的草寫「*t*」。

① 草寫 *s* 是 sin（sin 讀作 sine），依據寫的順序，由斜邊寫到對邊。

所以　$\sin A = \frac{對邊}{斜邊} = \frac{a}{c}$

② 草寫 *c* 是 cos（cos 讀作 cosine），依據寫的順序，由斜邊寫到鄰邊。

所以　$\cos A = \frac{鄰邊}{斜邊} = \frac{b}{c}$

③ 草寫 *t* 是 tan（tan 讀作 tangent），依據寫的順序，由鄰邊寫到對邊。

所以　$\tan A = \frac{對邊}{鄰邊} = \frac{a}{b}$

④ 而 cot A 是 tan A 的倒數，sec A 是 cos A 的倒數，csc A 是 sin A 的倒數（詳見倒數關係公式）。

所以　$\cot A = \frac{鄰邊}{對邊} = \frac{b}{a}$（cot 讀作 cotangent）

玩出聰明左右腦 Answer

他們要往返 6 次。第一次：兩個孩子乘小船到對岸，由一個孩子把船划回 3 個人所在地方（另一個小孩留在對岸）。第二次：把船划過來的孩子留在岸上，一個人划小船到對岸。在對岸上的孩子把船划回來。第三次：兩個孩子乘船過河，其中一人把船划回來。第四次：第二個人坐船過河，小船由小孩划回來。第五次：同第三次。第六次：第三個人過河。小孩把船划回來即可，所有人順利到達對岸。

$$\sec A = \frac{斜邊}{鄰邊} = \frac{c}{b}$$（sec 讀作 secant）

$$\csc A = \frac{斜邊}{對邊} = \frac{c}{a}$$（csc 讀作 cosecant）

㈡ 對稱美感的六角形徽章

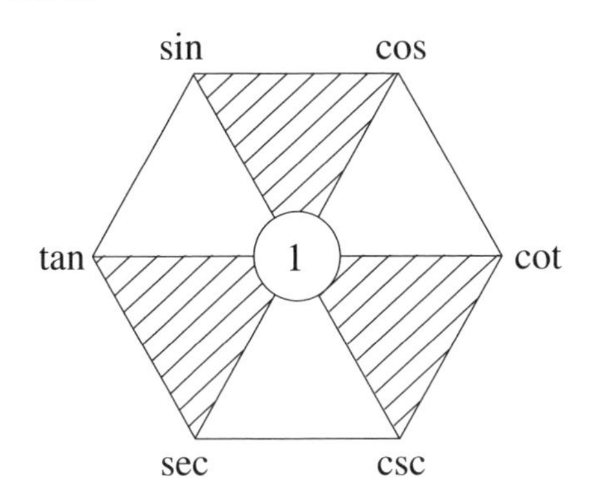

上圖可以協助記憶許多類型的公式，以下我們介紹一些常用的公式：

⑴ 倒數關係公式：對角線兩邊的三角函數值，相乘等於圖形正中間的 1，也就符合倒數關係，以三角形其中一角為 θ（希臘字母，音同 theta）為例。

所以 $\sin\theta \cdot \csc\theta = 1 \Rightarrow \csc\theta = \frac{1}{\sin\theta}$

$\cos\theta \cdot \sec\theta = 1 \Rightarrow \sec\theta = \frac{1}{\cos\theta}$

$\tan\theta \cdot \cot\theta = 1 \Rightarrow \cot\theta = \frac{1}{\tan\theta}$

⑵ 平方和關係公式：六角圖形中，畫斜線部分的三角形也藏有公式，每個三角形的上面兩角之三角函數值的平方和，會等於下面一角之三角函數值的平方。

玩出聰明左右腦 Question

【巧移數字】 請移動等式中的一個數字，並且不能將數字對調，也不可移動運算符號，使等式成立。

101 − 102 = 1

也就是 $\sin^2\theta + \cos^2\theta = 1$

$\tan^2\theta + 1 = \sec^2\theta$

$\cot^2\theta + 1 = \csc^2\theta$

(3) 商數關係公式：兩數相除的結果叫做商數，在六角圖形中，以順時針方向的順序來看，任一個三角函數值，會等於下一個三角函數值除以再下一個三角函數值。舉例來說：$\tan\theta = \dfrac{\sin\theta}{\cos\theta}$，$\csc\theta = \dfrac{\sec\theta}{\tan\theta}$。

而逆時針方向的順序也成立，舉例來說：$\cot\theta = \dfrac{\cos\theta}{\sin\theta}$，$\sin\theta = \dfrac{\tan\theta}{\sec\theta}$

打通任督二脈

(1)三角形圖形所引出的公式，只是名稱的基本定義，並藉由圖形及字母符號方便記憶。

(2)六角形圖形中，平方和關係的公式，可由以下證明而得：

① $\sin^2\theta + \cos^2\theta = (\dfrac{a}{c})^2 + (\dfrac{b}{c})^2 = \dfrac{a^2 + b^2}{c^2}$

由商高定理（畢氏定理）知道，直角三角形中二股長的平方和會等於斜邊長的平方，也就是 $a^2 + b^2 = c^2$，所以上式可以繼續化簡：$\sin^2\theta + \cos^2\theta = \dfrac{a^2 + b^2}{c^2} = \dfrac{c^2}{c^2} = 1$

② $\tan^2\theta + 1 = (\dfrac{a}{b})^2 + 1 = \dfrac{a^2}{b^2} + 1 = \dfrac{a^2 + b^2}{b^2} = \dfrac{c^2}{b^2}$

$= (\dfrac{c}{b})^2 = \sec^2\theta$

③ $\cot^2\theta + 1 = (\dfrac{b}{a})^2 + 1 = \dfrac{b^2}{a^2} + 1 = \dfrac{b^2 + a^2}{a^2} = \dfrac{c^2}{a^2}$

$= (\dfrac{c}{a})^2 = \csc^2\theta$

玩出聰明左右腦 Answer

將 102 改為 10 的 2 次方。

(3)商數關係也很有意思，任意一個**三角函數值，都可以等於順時針方向或逆時針方向，下兩個函數值相除後的得數**，讀者可以試著玩玩看。

過關斬將

右圖為一個直角三角形，試求下列各題：

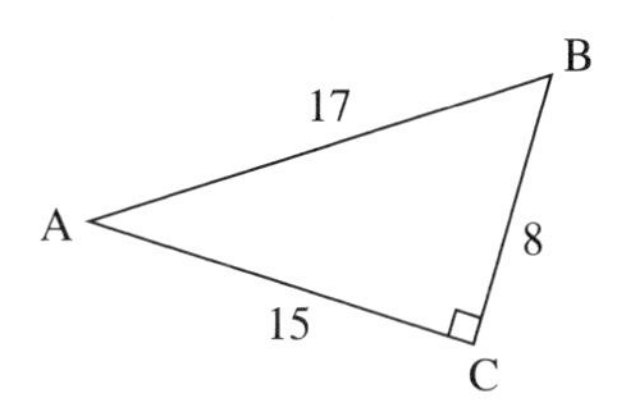

(1)$\sin A =$

(2)$\cos A =$

(3)$\tan A =$

(4)$\sec A =$

(5)$\cot A =$

(6)$\sin A \times \csc A =$

(7)$\sin^2 A + \cos^2 A =$

(8)$\csc^2 A - \cot^2 A =$

叮嚀與提示

(1)六角形圖形還可延伸出其他公式，甚至將此圖形運用於高中微積分中的三角函數公式。

(2)$\sin^2 A$ 與 $\sin A^2$ 是不一樣的意思。$\sin^2 A$ 是 $\sin A$ 先求出後再平方；亦即 $\sin^2 A$ 等於 $(\sin A)^2$，而 $\sin A^2$ 是角度 A 先平方後，再求出 sin 的值。

玩出聰明左右腦 Question

【巧填算式】 請在三道算式裡，分別填上合適的運算符號，使等式成立。

①2 3 4 5 6 7 1=51

②5 6 7 1 2 3 4=51

③6 7 1 2 3 4 5=51

Chapter 2

⑥ 基礎統計

數學上一般所學習的數、量、形的知識，都是確定的知識，但是生活中有相當多的問題，牽涉到龐大的資料或甚至含有某種不確定性，這些龐大而紊亂的資訊通常需要先對資料進行分類整理，再計算某些統計量，才能對資料的結構有初步的理解。我們生活周遭充滿了統計的應用，例如氣象報告的天氣預測，各種主題的民意調查，電視收視率的訪察，醫學的臨床試驗等等，不勝枚舉。因此，認識及了解統計學是需要的。統計應先學會如何將簡單的生活資訊分類、計數，並依問題的目標，製作恰當的統計圖表，計算常用統計量來呈現這些資訊，以達到釐清結構或與他人溝通的目的。

基礎統計

統計是關於數據資料的獲取、整理、分析、描述和推斷方法的總稱，透過統計，我們能更方便有效地看出龐大資料的訊息，將這些統計量作濃縮與還原的動作，可以具體描述與比較分析資料。當然統計學的內容廣泛，我們由基礎開始認識吧！

熱身練習

已知 9 個數據：12、5、9、9、9、3、12、16、6，試求下列各值。

(1)算術平均數＝

(2)全距＝

(3)中位數＝

(4)眾數＝

(5)第 1 四分位數＝

(6)第 3 四分位數＝

(7)四分位距＝

(8)標準差＝

（四捨五入至小數點下一位）

答對題數		作答時間	

玩出聰明左右腦 Answer

① $2+3\times4+5\times6+7\times1=51$

② $5+6\times7+1+2-3+4=51$

③ $6\times7+1+2-3+4+5=51$

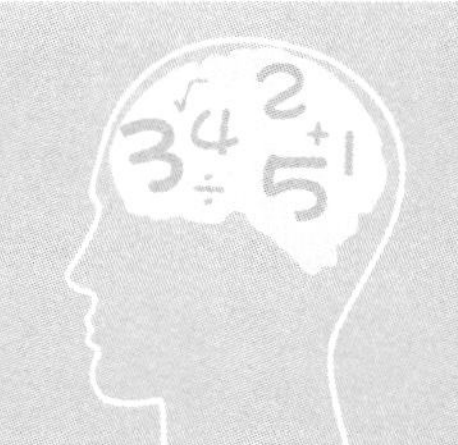

(一) 平均數

想要知道所有數據集中於何處，一般使用平均數來表示。

(1) 算術平均數：表示數據集中趨勢的一個統計指標，優點是較不會受到隨機因素影響，缺點則是易受到極端值影響。求法為所有數據相加，再除以總個數。

範例　求 2、5、7、9、12 的算術平均數？

$(2+5+7+9+12) \div 5 = 35 \div 5 = 7$

(2) 加權平均數：當數據中的每個值對於平均數的貢獻並不相等時，依據每筆數據不同的重要比例，所調整後的平均數。

範例　試求 5 占 20%、7 占 30%、10 占 50%的平均數？

$5 \times 20\% + 7 \times 30\% + 10 \times 50\% = 100\% + 210\% + 500\%$

$= 810\% = 8.1$

(3) 幾何平均數：有 n 個數據相乘後，再開 n 次方根，多用於計算平均比和平均速度。

範例　求 2、8、12 的幾何平均數？

$\sqrt[3]{2 \times 8 \times 12} \approx 5.8$

(二) 中位數

將數據由小到大按順序排列，形成一個數列，居於最中間的那個數據。

範例1　2、3、5、7、8 共 5 個數（奇數個），而中間的數據是第 3 個，所以中位數是 5。

範例2　3、5、7、9、12、16 共 6 個數（偶數個），因此中間的數據位在第 3 個及第 4 個中間，所以中位數是 $(7+9) \div 2 = 8$。

(三) 眾數

數據中出現最多次數的數字。

範例　1、5、7、7、7、8 數據中的 7 出現次數最多，所以眾數為 7。

玩出聰明左右腦 Question

【列算式】　請按照 9，8，7，6，5，4，3，2，1 的順序排列，在兩個數字之間適當加上＋、－、×、÷ 等運算符號，列出答案等於 100 的算式。

9　8　7　6　5　4　3　2　1 = 100

(四) 全距

數據中最大數和最小數的差距。

範例 求 1、5、72、19、36 的全距？

最大數 72，最小數 1，所以全距＝ 72 － 1 ＝ 71

(五) 四分位距

數據由小排到大後，**中間百分之五十的部分其最大數和最小數的差距**，這樣的取法比較不會受到極端值的影響。

範例 求 1、9、6、8、2、10、15、3 的四分位距？

① 先將數據由小到大重新排列

1、2、3、6、8、9、10、15

② 求中位數

中間數為 6 及 8，所以中位數是（6 ＋ 8）÷2 ＝ 7

③ 再求前段（比中位數小的部分）的中位數，稱為第 1 四分位數 Q_1

中間數為 2 及 3，所以 Q_1 ＝（2 ＋ 3）÷2 ＝ 2.5

④ 續求後段（比中位數大的部分）的中位數，稱為第 3 四分位數 Q_3

中間數為 9 及 10，所以 Q_3 ＝（9 ＋ 10）÷2 ＝ 9.5

⑤ 四分位距為 $Q_3 - Q_1$ 的值

所以四分位距＝ $Q_3 - Q_1 = 9.5 - 2.5 = 7$

(六) 標準差

顧名思義，就是數值與標準的差異，此時的標準指的是算術平均數，意即在所有得到的數據，知道與平均數接近或分散的程度。**標準差愈小，代表大部分的數值愈接近平均數；標準差愈大，代表大部分的數值愈遠離平均數**。

標準差 σ 公式＝ $\sqrt{\frac{1}{n}\sum_{i=1}^{n}(x_i - \mu)^2}$（σ 讀作 sigma）

玩出聰明左右腦 Answer

9×8 ＋ 7 － 6 ＋ 5×4 ＋ 3×2 ＋ 1 ＝ 100

其中 n 代表數據的個數　　　　　　　μ（讀作 mu）代表算術平均數

x_i 代表每個不同的數據值　　　　　Σ 代表連續加法

範例　求數值：5、8、10、11、15、17、25 的標準差？

① 求算術平均數 μ

$$\mu = \frac{1}{7}(5+8+10+11+15+17+25) = 13$$

② 求 $x_i - \mu$

$5-13=-8$，$8-13=-5$，$10-13=-3$，$11-13=-2$，

$15-13=2$，$17-13=4$，$25-13=12$

③ 求標準差 σ

$$\sigma = \sqrt{\frac{1}{7}[(-8)^2+(-5)^2+(-3)^2+(-2)^2+2^2+4^2+12^2]} \approx 6.16$$

過關斬將

已知數據 7、7、12、13、14、20、26、29，求下列各值：

(1)算術平均數＝　　　　　　　(2)中位數＝

(3)眾數＝　　　　　　　　　　(4)全距＝

(5)第 1 四分位數＝　　　　　　(6)第 3 四分位數＝

(7)四分位距＝　　　　　　　　(8)標準差＝

（四捨五入至小數點下一位）

叮嚀與提示

(1)三種平均數的特色各自不同，要區分清楚。其中算術平均數用的最廣，而**幾何平均數中，所有數值都要正實數**，因為在開偶次方根內有負值的話，會成為虛數（高中數學）。

(2)中位數的數據有兩個時，記得要**相加再除以 2**。

(3)標準差的計算較為複雜，務必要謹慎。

玩出聰明左右腦 Question

【和尚分饅頭】 100 位和尚分 100 顆饅頭，正好分完。如果大和尚一人分 3 顆，小和尚 3 人分一顆，試問大、小和尚各有多少人？

Chapter 3

黑馬般的征服考試

考試是所有學生都必須經歷的過程與經驗，既然無法避免，只能正面迎接。筆者收集近年極富挑戰與技巧性的國中基測與會考、高中學測、高職統測題目來說明。祝福大家克服考試恐懼，贏在考試，加油！

征服考試的精彩內容

❶ 聰明猜題法

❷ 非學不可驗算法

❸ 克服考試恐懼症

Chapter 3

① 聰明猜題法

相信大家都有在考試時，遇到不會的題目而猜題的經驗。有時憑感覺亂猜一通；有時會看前後題目答案的選項，選個相關性的答案；有時看答案出現的機率平均分配。當然，最好是聰明的猜，猜對的機率會更高！如何聰明的猜題，進而獲得分數，大致可分成三類方法，以下分別說明以及舉例。

1-1 消去法

1-2 概算法

1-3 驗算法

1-1 消去法

通常這是針對選擇題或是選填題的猜題方法。在選擇題部分，當所要選擇的答案中，有幾個確實知道對或是錯時，先將這些選項消去，再對剩下的選項進行猜測的方法。在選填題部分，主要出現在升大學考試的學測數學題目中。型態是填充題的型式，但與一般填充題不同的是，答案有幾個數字，就會相對有幾個圈號。如果是分數的答案，也會在分子與分母部分各有圈號；如果答案有負數，也會有相對的圈號出現。

我們將各類可能出現的消去法整理如下：

(1) 有兩個或兩個以上的選項類似或敘述同一件事情時，如果是單選題，通常可以考慮先行消去。

(2) 題目的敘述中，已經知道有些選項是對或錯時，也可以先行消去。但要留意的是，有些題目是要選擇正確的答案，有些卻是要選擇錯誤的答案，這是要非常小心的，否則很容易「中計」而失分。

(3) 有些不同題目會有相同的敘述出現，老師在出題時，往往會不經意的將答案顯現在其他的題目之中，就可以參考，並將其他選項消去。

玩出聰明左右腦 Answer

利用「編組法」分析題意。由於大和尚一人分 3 顆饅頭，小和尚 3 人分一顆饅頭。合併計算，即是 4 位和尚吃 4 顆饅頭，100 名和尚正好編成 25 組，而每組中剛好有 1 位大和尚，因此可得出 100÷（3 ＋ 1）＝ 25，則大和尚 25 人；100 － 25 ＝ 75，小和尚 75 人。

⑷ 有時選項中會有類似的敘述，而其他的選項就可以先行消去。因為有時出題者是在測試考生的細微分辨能力，此時就可以在類似的選項中進行猜題。

⑸ 當答案到一定數量時，依據其他選項出現的重複性多寡來進行消去。比如說，其他考題已經很多選 (C) 的答案了，應該不會再有 (C) 的選項，所以可以考慮刪除。

⑹ 選項中有時候**會出現很長的敘述**，那就刪除其他選項**來勾選這個答案**吧！因為有些出題者會不經意的在正確答案上加強說明。

⑺ 在選填題的答題中，如果算出的答案跟圈號的數目不同時，就要捨去答案，重新計算或是看看計算步驟有沒有算錯的地方。假設**圈號有 3 個，就代表是三位數的答案，或是帶有負號的二位數**。如果算出的答案不是這樣，那肯定算錯（大考中心命題出錯的機會不是不可能，但是很小）。所以要重頭檢視一下，刪去不符合的答案。

⑻ 如果實在不知選哪一個，通常第二選項 (B) 和第三選項 (C) 出現機率較多，就從中選一個吧！

⑼ 有時答案跟題目所要問的相差很多時，通常是出題者隨意寫的一個選項，就放心刪掉囉。

⑽ 選項中有**肯定性的敘述時**，例如：一定是，絕對是，不可能，全部等等，**一般來說都不是正確的答案**，也可以消去刪掉。

玩出聰明左右腦 Question

【找出隱藏數】 下列數字中，隱藏兩組四位數，其中一組是另一組的兩倍，兩組數相加的和為 10743。請試著找出這兩組數為何？

571358816238

以下為國內代表性考試的試題（國中基測、會考，高中學測以及高職統測）整理，來試試看吧！

範例1 判斷 $\sqrt{15}\times\sqrt{40}$ 之值會介於哪兩個整數之間？

(A) 22、23　　(B) 23、24

(C) 24、25　　(D) 25、26　　【基測試題】

解析 這一題每個選項的數字都很接近，我們先將題目根號中的數字相乘，15 乘以 40 得到 600。我們不妨將選項中的數字也相乘：(A) $22\times23=506$，(B) $23\times24=552$，(C) $24\times25=600$，(D) $25\times26=650$。在上面問題中，就算暫時不知如何找出答案，但我們卻由每個選項的相乘中，找到 (C) 正好也是 600，於是將其他選項刪除，所以答案選 (C)。

範例2 若一多項式除以 $2x^2-3$，得到的商式為 $7x-4$，而餘式則為 $-5x+2$，求此多項式為何？

(A) $14x^3-8x^2-26x+14$

(B) $14x^3-8x^2-26x-10$

(C) $-10x^3+4x^2-8x-10$

(D) $-10x^3+4x^2+22x-10$　　【基測試題】

解析 在本題的四個選項中，我們觀察到最高項次的係數及常數項不是 14 就是 -10，非常相似。我們依據除法定義，可以知道被除式會等於除式乘以商式再加上餘式。所以本題的多項式要等於 $(2x^2-3)(7x-4)-5x+2$。觀察整個運算式中，展開後的最高項次應為 x^3，是以 $2x^2$ 與 $7x$ 相乘而得到 $14x^3$，所以選項 (C) 及選項 (D) 可以刪除。再觀察展開後的常數項，是以 (-3) 乘以 (-4) 再加上 2，也就是 $(-3)(-4)+2=+14$。所以

玩出聰明左右腦 Answer

3581，7162。其中一組數是另一組的兩倍，且兩組數的和為 10743，代表 10743 要分成三等份，即 $10743\div3=3581$，得到其中一組數的答案。

再由剩下的選項(A)及(B)中，常數項為＋14者為選項(A)，因此答案選(A)。

範例3 已知以下各選項資料的迴歸直線（最適合直線）皆相同且皆為負相關，請選出相關係數最小的選項。

(1)

x	2	3	5
y	1	13	1

(2)

x	2	3	5
y	3	10	2

(3)

x	2	3	5
y	5	7	3

(4)

x	2	3	5
y	9	1	5

(5)

x	2	3	5
y	7	4	4

【學測試題】

解析 我們先由題目的關鍵字「負相關」來看，這是屬於高中數學的「數據分析」單元，**負相關是指當x數值愈大時，y的數值就愈小**。我們看選項(1)：x愈大時y的數值變大後又變小，不符合負相關的定義。選項(2)：x愈大時，y的數值也是先大後小，所以刪除。選項(3)：y的數值又是先大後小，所以刪除。選項(4)：y的數值先小後大，也是不符。選項(5)：y的數值變小後相等，雖然沒有繼續變小，但至少沒有變大。在五個選項中是較符合答案的，所以刪去其他答案，本題應選(5)。

玩出聰明左右腦 Question

【和為「99」】 將9，8，7，6，5，4，3，2，1九個數字，按順序用加號連起來，使和等於99，請問可列出幾道算式呢？

※註：數字不必單獨使用，可以相連，例如9與8可組成98。

範例4 三年甲班男、女生各有 20 人，下圖為三年甲班男、女生身高的盒狀圖。若班上每位同學的身高均不相等，則全班身高的中位數在下列哪一個範圍？

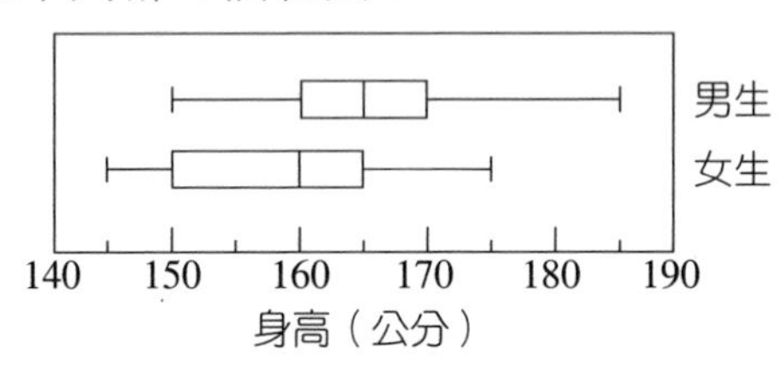

(A) 105 ～ 155　　(B) 155 ～ 160
(C) 160 ～ 165　　(D) 165 ～ 170　　【基測試題】

解析 我們知道，中位數就是數字由小排到大時，中間位置的數字。由題圖的盒狀圖來看，不管你認不認識盒狀圖，大概可以觀察出兩個圖形**中間較寬的部分**，似乎都是**偏向身高中間略向左的位置**。選項 (A) 及 (B) 的身高太偏左，所以刪除。選項 (D) 的身高稍微中間偏右，所以也刪除。而選項 (C) 的身高正好符合中間偏左，所以答案選 (C)。

範例5 計算 $\left(-1000\frac{1}{5}\right)\times(5-10)$ 之值為何？

(A) 1000　　(B) 1001
(C) 4999　　(D) 5001　　【基測試題】

解析 ①上面計算式可以改寫為

$$\left(-1000\frac{1}{5}\right)\times(-5)=1000\frac{1}{5}\times 5$$

②此計算式的整數概算相乘 $1000\times 5=5000$，所以選項 (A) 及選項 (B) 相差太遠，先行消去，剩下選項 (C) 及選項 (D)。

③由於還有 $\frac{1}{5}$ **尚未相乘計算，加上之後必大於 5000**，只有選項 (D) 符合，所以答案為選項 (D)。

玩出聰明左右腦 Answer

① $9+8+7+6+5+43+21=99$

② $9+8+7+65+4+3+2+1=99$

1-2 概算法

當題目給的數字較為複雜而不容易計算時，可以選擇比較接近的整十數、整百數或整千數來替代運算，求取近似值來判斷答案。

我們以加、減、乘、除的四則運算分別介紹：

⑴ 加法概算：被加數與加數選擇比較接近的整十、整百或整千等的數值進行運算。

範例 1

59823 ＋ 32059 ＝？

（實際計算）

$$\begin{array}{r} 59823 \\ +\ 32059 \\ \hline 91882 \end{array}$$

（加法概算）

$$\begin{array}{r} 60000 \\ +\ 30000 \\ \hline 90000 \end{array}$$

實際值－概算值＝ 91882 － 90000 ＝ 1882

誤差＝ 1882÷91882 ≈ 0.02 ＝ 2%

以加法概算的誤差約 2%

玩出聰明左右腦 Question

【天秤稱重】 有 1 克、2 克、4 克、8 克、16 克的砝碼各一個，稱重時，砝碼只能放在天秤的一端。請問，用這 5 個砝碼組合可稱出幾種不同的重量呢？

範例2

小明去文具店買文具用品，單價分別為「35、28、51、78、26、19、54」，總價為多少元？

① 我們實際加總金額

35 ＋ 28 ＋ 51 ＋ 78 ＋ 26 ＋ 19 ＋ 54 ＝ 291

② 以 5 元為 1 個級距來取接近值概算

35 ＋ 30 ＋ 50 ＋ 80 ＋ 25 ＋ 20 ＋ 55 ＝ 295

③ 兩者計算總額誤差

（295 － 291）÷291 ≈ 0.014 ＝ 1.4％

以上兩個加法概算範例，表示只想要知道約略值的答案時，誤差是可以控制在一定範圍內，而且可以加快尋找正確答案的速度。

⑵ 減法概算：與加法概算相同的觀念，將數字轉化為相近的整十、整百、整千等數字時，一樣可以控制誤差，並加快運算速度。

範例3

598237－120582＝？

① 實際計算

598237 － 120582 ＝ 477655

② 取整十萬位數，四捨五入概算

600000 － 100000 ＝ 500000

誤差率＝（500000 － 477655）÷477655 ≈ 0.05 ＝ 5％

③ 取整萬位數，四捨五入概算

600000 － 120000 ＝ 480000

誤差率＝（480000 － 477655）÷477655 ≈ 0.005 ＝ 0.5％

玩出聰明左右腦 Answer

31 種。可稱 1 克～ 31 克中的任何一個重量。該題為組合問題，5 個砝碼選 1 個有 5 種，5 選 2 有 10 種，5 選 3 有 10 種，5 選 4 有 5 種，5 選 5 有 1 種，合計為 31 種。

④ 取整千位數，四捨五入概算

598000 － 121000 ＝ 477000

誤差率＝（477000 － 477655）÷477655 ≈ 0.001 ＝ 0.1%

由以上各種不同的取位概算可以知道，**取位愈接近真實值，誤差率也愈小**，讀者可以自行選擇，快速獲得答案。

⑶ 乘法概算：乘法概算也可以用相同觀念，取整十、整百、整千的方式運算。但也可以考慮**同時加及減一數**後，再行乘法概算，我們看下面的例子說明：

範例4

27×72＝？

① 實際計算

27×72 ＝ 1944

② 取整十數位，四捨五入概算

30×70 ＝ 2100

誤差率＝（2100 － 1944）÷1944 ≈ 0.08 ＝ 8%

③ 被乘數 **27 加 3 成整十數**，乘數 **72 配合減 3**

（27 ＋ 3）（72 － 3）＝ 30×69 ＝ 2070

誤差率＝（2070 － 1944）÷1944 ≈ 0.06 ＝ 6%

④ 乘數 **72 減 2 成整十數**，被乘數 **27 配合加 2**

（27 ＋ 2）（72 － 2）＝ 29×70 ＝ 2030

誤差率＝（2030 － 1944）÷1944 ≈ 0.04 ＝ 4%

以上的乘法概算，運用不同的取位方法也形成不同的誤差率。讀者可依題目的類型靈活選配，一樣可以快速得到答案。

玩出聰明左右腦 Question

【雞兔同籠】 若干隻雞、兔被關在同一個籠子，籠裡有雞頭、兔頭共 36 個，雞腳、兔腳共 100 隻，請問雞、兔各有幾隻？

(4) 除法概算：除法概算在同時取整十數、整百數、整千數的時候，可以**將數字後面「0」的部分一起刪除**，**降低位數計算**，達到簡化及快速的效果。

範例5

59728÷382 ＝？（四捨五入至小數點下一位）

① 實際計算

59728÷382 ≈ 156.4

② 同時取整十位數概算

59730÷380 ＝ 5973÷38 ≈ 157.2

誤差率＝（157.2 － 156.4）÷156.4 ≈ 0.005 ＝ 0.5%

③ 同時取整百位數概算

59700÷400 ＝ 597÷4 ≈ 149.3

誤差率＝（156.4 － 149.3）÷156.4 ≈ 0.045 ＝ 4.5%

在上面範例中，取整十位數概算誤差最小，取整百位數概算誤差也不大。而計算時的位數同步減少，也達到快速預估答案的目的，本方法值得運用。

以下再舉些實際應用的範例吧！

範例6 下列何者與 log1 ＋ log2 ＋ log3 ＋ log4 ＋ log5 － log6 的值最為接近？（已知 log2 ≈ 0.301，log3 ≈ 0.4771）

(A) 0.1

(B) 1.5

(C) 5.3

(D) 6.2

【統測試題】

玩出聰明左右腦 Answer

「雞兔同籠」的題目聞名於世，出自《孫子算經》，其解題方式如下：設雞有 x 隻，則兔有（36 － x）隻，由題意得 2x ＋ 4（36 － x）＝ 100。解之得 x ＝ 22，算出雞有 22 隻，兔有 36 － 22 ＝ 14 隻。

解析 上面有 6 個對數相加，不要因一時慌張而計算失誤，首先依據對數定義可以得到下面的計算式：

原式 $= \log 1 + \log 2 + \log 3 + 2\log 2 + (\log 10 - \log 2)$
$- (\log 2 + \log 3)$
$= 0 + \log 2 + \log 3 + 2\log 2 + 1 - \log 2 - \log 2 - \log 3$
$= \log 2 + 1$

此時觀察所有選項的數值都是小數點下一位，我們也由題目的提示知道 log2 是小於 1 的數。所以 **log2 ＋ 1 應該是大於 1 而且小於 2 的數**，四個選項中只有選項 (B) 是最接近的數，因此答案選 (B)。

範例7 判斷一元二次方程式 $x^2 - 8x - a = 0$ 中的 a 為下列哪一個數時，可使得此方程式的兩根均為整數？

(A) 12

(B) 16

(C) 20

(D) 24 【會考試題】

解析 一元二次方程式的根為整數，代表原方程式可進行因式分解，其中一次項係數（－ 8）為兩根的和，常數項（－ a）為兩根的積，而兩者皆為負數，代表兩根為異號，且負根的絕對值大於正根。四個選項的數字要拆成相差 8 的兩數，概算一下可得 $20 = 2 \times 10$，故答案選 (C)。

玩出聰明左右腦 Question

【耗費多少時間？】 如果挖長 1 公尺、寬 1 公尺、深 1 公尺的池子需要 12 人，耗費 2 小時的時間。則 6 人挖一個長、寬、深皆是它兩倍的池子，需要多少時間呢？

範例8 計算 $(\frac{21}{26})^3 \times (\frac{13}{14})^4 \times (\frac{4}{3})^5$ 之值與下列何者相同？

(A) $\frac{13}{3^3}$　(B) $\frac{13^2}{3^3}$

(C) $\frac{2\times13}{7\times3}$　(D) $\frac{13\times2^3}{7\times3^2}$　【基測試題】

解析 ①我們先將題目的算式做質因數的分解如下：

$$\frac{(3\times7)^3}{(2\times13)^3}\times\frac{13^4}{(2\times7)^4}\times\frac{2^{10}}{3^5}$$

②**四個選項中都有 3 與 13 的次方**，而且互相搭配的次方都不同，因此只要概算一下這兩個數的次方數，答案應該就可以找出來。

③先概算 13 的次方數：

分子部分有 4 個，分母部分有 3 個，相除之後分子還有一個 13，所以先消去選項 (B)。

④再概算 3 的次方數：

分子部分有 3 個，分母部分有 5 個，相除之後分母還有 2 個，符合者是選項 (D)，因此答案是選項 (D)。

範例9 計算 $7^3+(-4)^3$ 之值為何？

(A) 9　(B) 27

(C) 279　(D) 407　【基測試題】

解析 本題計算式 $=7\times7\times7+(-4)(-4)(-4)$

$=343-64$ ⇒ **大約 200 多**

由於四個選項的差距很大，所以不需要精算，只有選項 (C) 符合 200 多的答案，所以答案直接選擇選項 (C)。

玩出聰明左右腦 Answer

32 小時。此洞的容積是第一個洞的 8 倍。因此若 12 人來挖，需要時間是原來的 8 倍，6 人來挖則需要原來的 16 倍。

範例10 已知 A ＝ 101×9996×10005，B ＝ 10004×9997×101，試求 A － B 之值為何？

(A) 101　　(B) － 101

(C) 808　　(D) － 808　　【基測試題】

解析 ① 本題 A － B ＝ 101×9996×10005 － 10004×9997×101

＝ 101×（9996×10005 － 10004×9997）

② 上面括號中的算式

＝（9997 － 1）×（10004 ＋ 1）－ 10004×9997

＝ 9997×10004 ＋ 9997 － 10004 － 1 － 9997×10004

＝ 9997 － 10004 － 1

③ 上式顯然是比－ 1 少很多的數字，再乘上 101 後，必定是很小的負數，四個選項中只有選項 (D) 的數字很小，故答案選 (D)。

玩出聰明左右腦 Question

【撕日曆】 連著撕 9 張日曆，日期數相加是 54。請問撕的第一張是幾號？最後一張是幾號？（此為日本京都大學的智力測驗選題。）

1-3 驗算法

在考試時，常遇到不容易解題的題目，可能是解題步驟過於複雜，或是解法暫時想不到。此時可以將選項中的數值代入題目中，倒推驗算，往往就可以順利選出答案。在倒推驗算時，不見得要從第一個選項開始，可以從比較像是答案的選項開始驗算，這樣答題速度會比較快。如果答題有四個選項，而有三個選項代入驗算不符合，那第四個就不用驗算，直接選它吧！

我們利用以下幾個範例考題來試試看囉！

範例1

已知點 Q 為二元一次聯立不等式 $\begin{cases} 2x+3y+6\geq 0 \\ 5x-4y+20<0 \end{cases}$ 圖形上的一點，則 Q 的坐標可能為下列何者？

(A)$(-5,0)$

(B)$(-2,0)$

(C)$(0,5)$

(D)$(0,6)$

【統測試題】

玩出聰明左右腦 Answer

第一張是 2 號，最後一張是 10 號。

解析

① 聯立不等式正常的解法是求點畫圖後，取範圍的交集區域，再來判斷選項的坐標點有沒有符合區域範圍。考試時間分秒必爭，我們直接將各選項的坐標值代入不等式中，求取答案。

② 選項(A)的（$-5,0$）代入 $2x+3y+6\geq 0$ 不等式中

$2\times(-5)+3\times 0+6=-4<0$ （不合）

③ 選項(B)的（$-2,0$）代入 $2x+3y+6\geq 0$ 不等式中

$2\times(-2)+3\times 0+6=2>0$ （合理）

繼續代入 $5x-4y+20<0$ 不等式中

$5\times(-2)-4\times 0+20=10>0$ （不合）

④ 選項(C)的（$0,5$）代入 $2x+3y+6\geq 0$ 不等式中

$2\times 0+3\times 5+6=21>0$ （合理）

繼續代入 $5x-4y+20<0$ 不等式中

$5\times 0-4\times 5+20=0$ （不合）

⑤ 選項(D)的（$0,6$）代入 $2x+3y+6\geq 0$ 不等式中

$2\times 0+3\times 6+6=24>0$ （合理）

繼續代入 $5x-4y+20<0$ 不等式中

$5\times 0-4\times 6+20=-24<0$ （合理）

⑥ 依據以上的代入驗算，只有選項(D)都符合聯立不等式的範圍，所以答案選(D)。

玩出聰明左右腦 Question

【沒收錢幣】 古歐洲的法國有一條規定：「商人每經過一個關口，就要被沒收一半的錢幣，再退還一枚。」一位商人，經過10個關口之後，只剩下兩枚錢幣了，請問這位商人最初共有多少枚錢幣呢？

範例2

已知函數 $f(x)=a(x+1)^2-2$ 的圖形不會經過第四象限，則 a 之值可能為下列哪一數？

(A) -1　　(B) 0.4

(C) 1.8　　(D) 3.2　　【統測試題】

解析

① 第四象限的 x 值與 y 值，分別是 **x 要為正數**，也就是大於 0；**y 要為負數**，也就是小於 0。（此處的 $y=f(x)$）

② 函數圖形不通過第四象限，所以 x 與 y 的值不能同時符合上述條件。

③ 如果我們以數字代入函數中，**x 取正數代入時，y 不可以為負值**，否則函數就通過第四象限了。

④ 所以我們假設令 x 等於 1 代入函數中時，y 只能是正數。四個選項的 a 值愈大，可以讓 y 的值更大，也就是愈能讓 y 的值是正數，而選項中最大的值是選項 (D)，所以答案選 (D)。

範例3

右圖是利用短除法求出三數 8、12、18 的最大公因數的過程。利用短除法，求出這三數的最小公倍數為何？

2	8	12	18
	4	6	9

(A) 12　　(B) 72

(C) 216　　(D) 432　　【基測試題】

解析

① 既然是求最小公倍數，所以就找比這三數大，但是愈小愈好的數。

② 選項 (A) 的數值最小，但比三數中的 18 小，所以不符合。

玩出聰明左右腦 Answer

商人最初就只有兩枚錢幣。看待事物切忌將其複雜化，以簡單的角度觀察，將能輕而易舉的解決問題。如同這道題目，若朝 2 枚以上的錢幣發想，將難以得到解答。

③ 選項 (B) 的數值比三數大，而且也是三數的倍數，所以選項 (B) 符合所求。

④ 至於選項 (C) 與選項 (D) 的數值更大，就不用再考慮這兩個選項了。所以答案直接選 (B)。

範例4

判斷下列哪一組的 a、b、c，可使二次函數 $y = ax^2 + bx + c - 5x^2 - 3x + 7$ 在坐標平面上的圖形有最低點？

(A) $a = 0$，$b = 4$，$c = 8$

(B) $a = 2$，$b = 4$，$c = -8$

(C) $a = 4$，$b = -4$，$c = 8$

(D) $a = 6$，$b = -4$，$c = -8$　　【基測試題】

解析

① 先將二次函數依同類項做合併整理：

$y = (a - 5)x^2 + (b - 3)x + (c + 7)$

② 二次函數如果有**最低點**，代表**圖形應該是開口向上**。此時**二次項係數的值要為正**，也就是要大於 0。

③ 我們觀察整理後的二次函數中，二次項係數為「$a - 5$」，此時的「$a - 5$」應該要大於 0。

④ 由四個選項中，逐一觀察每個 a 值，並將每個 a 值代入「$a - 5$」中，驗算哪一組會大於 0。

⑤ 只有選項 (D) 的 a 值符合要求，所以答案選 (D)。

玩出聰明左右腦 Question

【飛機生產量】 一家工廠的 4 名工人每天工作 4 小時，每 4 天可以生產 4 架模型飛機。則 8 名工人每天工作 8 小時，8 天能生產幾架模型飛機呢？

Chapter 3

❷ 非學不可驗算法

考試時，除了前面所提供的猜題法外，是否還有其他驗算答案正確與否的方法呢？這邊再提供印度數學中的「數字總和法」，讓讀者不用重算也能提高答題率喔！

非學不可驗算法

在加、減、乘、除的四則運算中，往往遇上位數較多，計算較為繁雜時，如果重新驗算答案會耗時太多，反而影響答題速度，此時「數字總和法」就派上用場了。

這是運用任何數字的**所有位數相加成一位數時，正好等於這個數字除以 9 後的餘數**。以下舉例說明：

範例 1

5473

① 位數和＝ 5 ＋ 4 ＋ 7 ＋ 3 ＝ 19
　再次相加＝ 1 ＋ 9 ＝ 10
　再次相加＝ 1 ＋ 0 ＝ 1

② 5473÷9 ＝ 608......1

③ 位數和不斷相加後成為一位數 1，與數字 5473 除以 9 後的餘數 1 相同

範例 2

7562

① 位數和＝ 7 ＋ 5 ＋ 6 ＋ 2 ＝ 20
　再次相加＝ 2 ＋ 0 ＝ 2

② 7562÷9 ＝ 840......2

③ 位數和不斷相加後得到一位數 2，與 7562 除以 9 後的餘數 2 相同。

玩出聰明左右腦 Answer

32 架。計算方式如下：4 人工作，4 天 ×4 小時生產 4 架模型飛機，所以 1 人工作，4 天 ×4 小時可生產 1 架模型飛機，即每人工作 1 小時可生產 1/16 架模型飛機。因此，8 人每天工作 8 小時，總共工作 8 天，生產的模型飛機數目就是 8×8×8×1/16 ＝ 32 架。

範例3

4725

① 位數和 $= 4 + 7 + 2 + 5 = 18$

再次相加 $= 1 + 8 = 9$

② $4725 \div 9 = 525......0$

③ 位數和不斷相加後得到一位數 9，而 9 除以 9 的餘數為 0；數字 4725 除以 9 後的餘數 0，兩者仍是相同。

打通任督二脈

以上範例，讀者是否好奇，位數不斷相加成為一位數後，為何會正好和除以 9 的餘數相同？我們舉「5473」的數字來說明：

$$
\begin{aligned}
5473 &= 5\times1000 + 4\times100 + 7\times10 + 3 \\
&= 5\times(999 + 1) + 4\times(99 + 1) + 7\times(9 + 1) + 3 \\
&= 5\times999 + 5 + 4\times99 + 4 + 7\times9 + 7 + 3 \\
&= 9\times(5\times111 + 4\times11 + 7\times1) + (5 + 4 + 7 + 3)
\end{aligned}
$$

上式很清楚可以看出，**5473 可以化為 9 的倍數後，再加上所有位數和**。而位數和又可繼續化為 $5 + 4 + 7 + 3 = 19 = 10 + 9 = 9 + 1 + 9 = 2\times9 + 1$，最後的 1 正好就是位數相加後，除以 9 的餘數。

學會以上的驗算方法後，馬上套用四則運算的題目，你會發現以前再怎麼重複驗算還是會出錯的問題，現在全部迎刃而解囉！

玩出聰明左右腦 Question

【兔子的繁殖】 一對兔子每個月可生一對小兔子，而一對兔子生下後，第二個月也開始繁殖小兔子。則從剛出生的一對兔子算起，滿一年時可繁殖出多少對兔子？

㈠ 加法驗算

範例 5782 ＋ 3567 ＝ 9349

① 被加數 5782 的位數相加＝ 5 ＋ 7 ＋ 8 ＋ 2 ＝ 22
22 的位數再次相加＝ 2 ＋ 2 ＝ 4

② 加數 3567 的位數相加＝ 3 ＋ 5 ＋ 6 ＋ 7 ＝ 21
21 的位數再次相加＝ 2 ＋ 1 ＝ 3

③ 由於是加法運算，所以**步驟 ① 的得數加上步驟 ② 的得數**＝ 4 ＋ 3 ＝ 7

④ 我們再看看原題目相加後的和數，其位數相加＝ 9 ＋ 3 ＋ 4 ＋ 9 ＝ 25
25 的位數再次相加＝ 2 ＋ 5 ＝ 7

⑤ 由步驟 ③ 及步驟 ④ 的驗算結果得知：兩數分別將位數相加成為一位數後，再將兩得數相加，得到一位數 7；而和數 9349 的位數相加後，也得到一位數 7，所以本題驗算完成，範例運算正確。

（本題另外以直式驗算表示如下）

$$
\begin{array}{rl}
5782 & \Rightarrow 5+7+8+2=22 \Rightarrow 2+2=4 \\
+\ 3567 & \Rightarrow 3+5+6+7=21 \Rightarrow 2+1=3 \\
\hline
9349 & \Rightarrow 9+3+4+9=25 \Rightarrow 2+5=\boxed{7}
\end{array}
\quad \Rightarrow 4+3=\boxed{7}
$$

（兩個 7 相等）

㈡ 減法驗算

範例 9347 － 2586 ＝ 6761

① 被減數 9347 的位數相加＝ 9 ＋ 3 ＋ 4 ＋ 7 ＝ 23
23 的位數再次相加＝ 2 ＋ 3 ＝ 5

② 減數 2586 的位數相加＝ 2 ＋ 5 ＋ 8 ＋ 6 ＝ 21
21 的位數再次相加＝ 2 ＋ 1 ＝ 3

玩出聰明左右腦 Answer

12 個月裡，兔子的對數分別是：1，1，2，3，5，8，13，21，34，55，89，144。相加後，可得一年繁殖出 376 對兔子。

③ 本題是減法運算，所以**步驟 ① 的得數減去步驟 ② 的得數** = 5 − 3 = 2

④ 我們再看看範例兩數相減的差數 6761，其位數相加 = 6 + 7 + 6 + 1 = 20

20 的位數再次相加 = 2 + 0 = 2

⑤ 由步驟 ③、④ 的驗算結果可以知道：兩數分別將位數相加成一位數後，再將兩得數相減得到一位數 2；而差數 6761 位數相加後，也得到一位數 2，所以本題驗算完成，範例運算正確。

（本題另外以直式驗算表示如下）

```
   9347  ⇒ 9 + 3 + 4 + 7 = 23 ⇒ 2 + 3 = 5 ┐
 − 2586  ⇒ 2 + 5 + 8 + 6 = 21 ⇒ 2 + 1 = 3 ┘⇒ 5 − 3 = [2]
 ──────                                                 ↑
   6761  ⇒ 6 + 7 + 6 + 1 = 20 ⇒ 2 + 0 = [2] ←────────── 相等
```

㈢ 乘法驗算

範例 263×521 = 137023

① 被乘數 263 的位數相加 = 2 + 6 + 3 = 11

11 的位數再次相加 = 1 + 1 = 2

② 乘數 521 的位數相加 = 5 + 2 + 1 = 8

③ 由於是乘法運算，所以**步驟 ① 的得數乘以步驟 ② 的得數** = 2×8 = 16

16 的位數相加 = 1 + 6 = 7

④ 我們再看看兩數相乘的積數 137023，其位數相加 = 1 + 3 + 7 + 0 + 2 + 3 = 16

16 的位數相加 = 1 + 6 = 7

玩出聰明左右腦 Question

【從 1 加到 100】 有「數學王子」之稱的高斯，小時候很喜歡數學。有一次在課堂上，老師出了一道題：「1 加 2、加 3、加 4……一直加到 100，其和是多少？」過了一會兒，正當同學們低頭計算時，高斯卻脫口而出：「結果是 5050。」請問他是用什麼方法快速算出的呢？

⑤ 由步驟 ③ 及 ④ 的驗算結果可以知道：兩數分別將位數相加成為一位數後，再將兩得數相乘，得到了一位數 7；而積數 137023 的位數相加後，也得到一位數 7。所以本題驗算完成，範例運算正確。

（本題另外以直式驗算表示如下）

$$\begin{array}{rl} 263 & \Rightarrow 2+6+3=11 \Rightarrow 1+1=2 \\ \times\quad 521 & \Rightarrow 5+2+1=8 \\ \hline 137023 & \Rightarrow 1+3+7+0+2+3=16 \Rightarrow 1+6=\boxed{7} \end{array}$$

$$\Rightarrow 2\times 8=16 \Rightarrow 1+6=\boxed{7}$$

（兩個 7 相等）

四 除法運算

範例 $5823 \div 16 = 363......15$

① 被除數 5823 的位數相加 $= 5+8+2+3=18$

18 的位數再次相加 $= 1+8=9$

② 除數 16 的位數相加 $= 1+6=7$

③ 商數 363 的位數相加 $= 3+6+3=12$

12 的位數再次相加 $= 1+2=3$

④ 餘數 15 的位數相加 $= 1+5=6$

⑤ 本題是除法運算，所以被除數會等於除數乘以商數再加餘數。因此我們將**步驟 ② 的得數乘以步驟 ③ 的得數，再加上步驟 ④ 的得數**

$7\times 3+6=27$

27 的位數再次相加 $= 2+7=9$

⑥ 由步驟 ① 及 ⑤ 的驗算結果可以知道：被除數的位數相加成為一位數 9；將除數與商數化成的一位數相乘，再加上餘數化成的一位數，也正好得到一位數 9。所以本題驗算完成，範例運算正確。

玩出聰明左右腦 Answer

第一個數和最後一個數、第二個數和倒數第二個數相加，它們的和都是相同，即 $1+100=101$，$2+99=101$，…，$50+51=101$，一共有 50 組，所以答案是 $50\times 101=5050$。

（本題另外以橫式驗算表示如下）

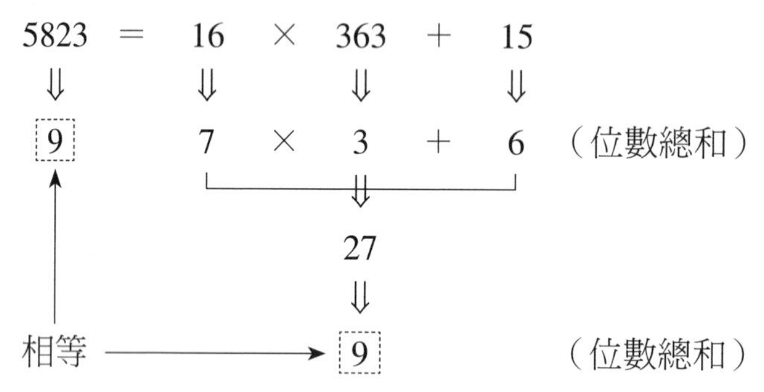

叮嚀與提示

⑴在前面證明過，位數不斷相加成為的一位數，正好與除以 9 的餘數相同。所以在**相加的過程中，可以先把相加為 9 的倍數之數字去除，這樣簡化運算**，可以加快驗算速度。

舉例來說：52978 的位數相加＝ 5 ＋ 2 ＋ 9 ＋ 7 ＋ 8，其中「2 ＋ 7 ＋ 9」為 9 的倍數，可以刪除，只剩下 5 ＋ 8 ＝ 13，再將 13 化為 1 ＋ 3 ＝ 4 即可。

⑵但刪去 9 的倍數的方法，如果碰到整體**位數相加正好是 9 的倍數時**，全部刪除而成為 0，此時記得要**加上 9**，維持 1 到 9 的一位數字。

例如：52974 的位數相加＝ 5 ＋ 2 ＋ 9 ＋ 7 ＋ 4 ＝ 27，而 27 是 9 的倍數，所以全部刪除成為 0，此時要加上 9，成為一位數是 9。

玩出聰明左右腦 Question

【數字方陣】 用 2、3、4 三個數字，填進方陣的 9 個方格，表格中的規律是每一行和每一列的總和都相等。

③ 克服考試恐懼症

在台灣，每個學生在各個學習階段，都會面臨大大小小的考試，而考試只是一種手段，主要幫助老師與同學檢查學習效果。其目的在於督促學生適時地、全面地掌握和運用所學知識、技能去解決問題。通過考試，學生可以檢查自己前階段的學習成效，發現學習中存在的問題、缺陷，及時分析並調整學習方法。所以考試的真正意義在於：檢查學生學習品質，提高學生鑑別能力，提升綜合學習能力。從目前教育體制來看，還沒有別的更科學的方法來取代它，因此只要正確地面對它、合理利用它的積極作用，克服對它的恐懼，那麼漫漫的學習之路，考試將發揮其正面效果。

(一) 正確對待考試

1. **不做分數的「奴隸」：**

斤斤計較分數高低，就會拉大分數值和真實知識水平之間的差距。一般來說，分數的高低是學習好壞的一個重要指標，但前提是高分應建立在對基礎知識的深刻理解，對概念、定義、定律、公式等靈活運用的基礎上。只有這樣，知識的獲得才能和智力的發展一致，知識才有其真正的價值。你可以追求高分數，但首先要檢查一下自己是不是具備上面的那些基礎。

2. **把考試作為提高能力的新起點：**

正常的考試會像鏡子一樣，反映出學習的真實情況。考試之後，應把精力放在解決所暴露出的問題上，力求徹底弄懂錯誤的原因，在此基礎上邁出扎實的一步。

3. **一次失敗不等於永遠失敗：**

在考試中，你難免會有一、兩次的成績不好，這可能有許多原因，如考前沒有復習好，考試題偏難，考試中太緊張等等。這並不可怕，誰也不能保證自己在考試中永遠處於最佳備戰狀態。關鍵是要在考試後認真地總結自己考試失敗的原因，針對性的改進，爭取下一次考試別重蹈覆轍。最可怕的是有人因為自己一兩次沒考好，而對自己失去了信心，失去了努力的動力，反而從此之後的考試可能永遠無法成功。

4. **加強對自己能力的培養：**

隨著教育的發展，考題變得愈來愈偏重測試學生某方面的能力水平，不再像過去那樣，靠死記硬背就能得高分。因此要想在未來學科考試和其他類型的考試中取得好成績，就必須重視培養自己的能力，這是社會對個人的要求，也是適應考試的一個最根本的辦法。

玩出聰明左右腦 Answer

5. 以科學的態度參加考試：

有些同學平時學習狀況很好，但一到考試，甚至一些關鍵性的測驗就發揮不出應有的水平，焦慮、怯場等心理問題嚴重地影響表現。根本的原因出在不正確的考試態度，許多同學在參試時，過多地考慮到考試成敗的後果，家長怎麼看、同學怎麼說、自己的前途如何……這麼多的干擾，考試成績怎麼會好呢？平心靜氣地參加考試，只將它看成是對自己所學知識和能力的檢查，成功了，說明自己前一段的學習效果很好；不成功，現在彌補還來得及。

㈡ 考前復習的「七忌」與「六要」

一忌：復習無計劃

中學階段考試的科目多，知識範圍廣，因此復習時應有一定的計劃。可是有不少同學復習時卻沒有計劃，盲目而隨意地東翻西看，所以常常復習不到「重點」，以致於考試時經常毫無把握地答題，試後後悔莫及。

二忌：臨陣磨槍

復習功課貴在堅持、及時、經常，宜早不宜遲，更不宜「臨時抱佛腳」。尤其是考試前的總復習，時間緊迫而科目與內容繁重，如果不注意及時復習，總認為來日方長，車到山前必有路，恐怕為時已晚。

三忌：平均使用力量

復習應當抓住各門科目的重點、難點、特點和疑點，集中力量打「攻堅戰」，解決「攔路虎」。可是有些同學在復習中卻「鬍子眉毛一把抓」，分不清主次，雖然面面俱到但沒有抓住重點，遇到較困難的問題便解決不了，學到的知識也比較零亂，缺乏系統連貫。

玩出聰明左右腦 Question

【錯誤變正確】 62 － 63 ＝ 1 是個錯誤的等式，請移動一個數字使得等式成立？若是移動符號要讓等式成立，又應該如何移呢？

四忌：貪多求快

復習功課一定要在「質」與「量」都能並重的前提下循序漸進。可是有的同學卻一味求多貪快，這樣只會「欲速不達」。

五忌：題海戰術

復習功課免不了要做題目，而且做的題目可能比平時要多一些，這當然無可厚非。但有些同學卻做過了頭，整天埋頭做題，成了「題海無邊」。兩眼一睜就一直忙到熄燈，復習試題、模擬題、綜合題，做得眼花繚亂，卻忽略訂正的重要。

六忌：濫用參考書

有不少同學沒有真正弄清楚教科書與參考書的關係，弄得喧賓奪主本末倒置。隨著出版事業的發展和人們對科學文化知識的重視，各種復習資料鋪天蓋地，但大多編寫重複，而且良莠混雜。因此在購買時應精挑細選，每門課最多選擇一兩本質量高，真正具有參考價值的即可，切不可濫用，否則不但浪費錢財、耗費精力，而且對學習有害無益。

七忌：勞逸失度

有些同學考前復習時廢寢忘食，睡半夜、起五更，雖然精神可嘉但做法實是愚蠢。面臨考試時任務繁重，更應該勞逸結合，保持適當的娛樂、休息和睡眠，所謂小考小玩、大考大玩，適時的放鬆反而能獲得身心靈的平靜，更能衝刺出好成績。

一要：有計劃性

復習時制訂計劃表，明確訂立什麼時間復習什麼內容，採用什麼方式、方法，要達到什麼目的和要求，都應提前安排，最好搭配行事曆以表格呈現，才能計劃出與考試進度一致的無敵復習表，不僅能增

玩出聰明左右腦 Answer

① 把 62 移動成 2 的 6 次方：$2^6 - 63 = 1$

② 將「－」與「＝」對調，使等式成為 $62 = 63 - 1$。

強復習的自覺性，減少盲目和隨意的修改，不過進度表也要適時留白，作為彈性運用時間，才不會落得被進度表追著跑的窘境。

二要：有及時性

德國心理學家艾賓浩斯提出了遺忘的規律是「先快後慢」。也就是說，剛學過的內容在最初幾個小時遺忘的速度很快，兩天後就變得緩慢了。根據這一遺忘規律，復習時一定要及時、經常，打鐵要趁熱。

三要：有針對性

復習要針對個人和教材實際的情況來進行。針對自身狀況而採用自己能得心應手的方式和方法；針對課程的內容，突出重點並突破難點，消除疑點並掌握特點。

四要：有系統性

復習時應把課程知識系統化，編制成知識樹或心智圖，盡量在老師的指導下編擬復習提綱，按提綱作系統復習。

五要：有趣味性

復習同學習一樣，都應避免機械性地重複。採取有趣的方法刺激求知欲，會使自己樂學不倦，或是與三五好友組織讀書會，互相督促勉勵。

六要：有多樣性

打仗時為了完全殲滅敵人，必須集中優勢兵力，把步兵、炮兵、偵察兵、航空兵等全部動員起來，對準一個目標，快、狠、準地進行攻擊，才能獲得勝利。用在應考上就要調動自己的眼、耳、口、腦、手等器官，在大腦皮層中建立多方位的資訊聯繫。復習方式多樣化，復習的效果就大大地增強。

玩出聰明左右腦 Question

【移杯子學問】 有 10 個杯子，前 5 杯裝水，後 5 杯沒裝水。移動 4 個杯子可將有水的杯子和空杯相間。現在只移動 2 個杯子也要使其相間，該如何辦到呢？

㈢ 消除考前緊張心理

考試快到了，心中難免會緊張不安，甚至常常失眠。愈是接近考試，就愈是要注意消除緊張心理，保持良好的精神狀態。

首先不妨歇一口氣，臨考前應該放鬆、緩衝一段時間，別把弦綳得太緊，所謂「文武之道，一張一馳。」讓大腦左右兩半邊轉換著做活動，多做些運動，暫時別想考試的事。圍棋大師聶衛平每次在重要比賽之前，都不是在想圍棋的事，而是打點橋牌或做點別的事。我們不妨也採取類似的方法，藉以消除過度的精神緊張和疲勞。

其次，可以對知識來一次大檢閱。在臨考前一周左右，如果還慌慌張張地忙於做復習就不太妙了。此時除了放鬆一下之外，應該以考試範圍來一次大檢閱，從總體上、輪廓上將各科知識系統化，不要再鑽研枝微末節的問題。

第三，放下符合別人期望的包袱。不少考生在面對重要考試時，會認為成敗皆在此一舉，如果考不上，自己一生的命運也就完了，甚至還有考生會有輕生自殺的念頭，這可是大錯特錯的！能考上當然好，但考不上也別沮喪。父母的期望，甚至親友的注目都是種壓力，但若把自己生命的籌碼壓在考試這一關上，未免就有些愚蠢了。通往成功的道路絕非只有升學一條！有許多落榜者不都是照樣生活得很好嗎？但前提是只要自己努力去學、去考，無論結果如何都能問心無愧。

第四，熟悉環境。對考生來說，一個比較熟悉、安適的環境氣氛往往有利於實力水準的正常發揮；而一個陌生的環境，則可能影響思路的開展。所以在考前最好先熟悉一下環境，了解考場及座位的位置，準備好考試用品等，以免因考前找不到考場或未準備好考試用品而慌亂。

第五，學會自我放鬆，考前心情切勿急躁。考試總是一科一科考下來，急也沒用，即使一點把握都沒有也不要著急，不要在考前開夜

玩出聰明左右腦 Answer

將第 2 杯的水倒入第 7 杯裡，將第 4 杯的水倒入第 9 杯，使其相間。事實上，題目考的是一種思維方式，解答時不要拘泥於題目的敘述，應朝多方面開拓思維，才能有效解決問題。

車抱佛腳。從復習應試的情況來說，考前一周基本上是大局已定，不會再出現奇蹟和變化了，不如鞏固原有成果，到時候能把已掌握的知識正常發揮出來，就算是最理想的狀態了，切記欲速則不達。

(四) 正確對待考前焦慮

考試成績的好壞與情緒是密切相關的，而考前焦慮對考試的臨場發揮有很大的影響。焦慮有程度上的差異，可以分為高度焦慮、中度焦慮和低度焦慮三種。高度焦慮會使人精神過度緊張，壓力大且信心不足。在每次考試之前，我們常會發現有些同學還沒有進考場就已經精疲力竭，甚至病得臥床不起。低度焦慮則恰好相反，有少數同學對考試不夠重視，態度不夠認真、過於鬆懈，這種對待考試的態度當然也不能取得好成績。而許多事實證明，中度焦慮最能激勵學習、在考試中取得好成績。保持中度焦慮的同學既能認真對待考試，為取得好成績而努力，又不會過於顧忌考試結果而患得患失。以這種心態參加考試，往往不會產生臨場的失誤，甚至能超常發揮。

有一位明星高中的同學，平時成績在班上算前段，但在學測前的幾次模擬考試中，成績未能名列前茅。模擬考試結束後，這位同學的家長總與他一起分析未能發揮水準的主要原因，原來他對綜合性的考題不太能適應，而非本身的能力或對知識掌握不足所導致。經過對試題的認真分析，這位同學並未因模擬考成績欠理想而產生很大的情緒波動，反而針對自己的問題，將學測前的學習計劃重新做了調整，滿懷信心參加考試。果然在學測時發揮他的實力，以將近滿級分的高分考入了清華大學。

(五) 考試怯場的自我調適

面臨考試時那種風聲鶴唳、草木皆兵的場合，說要完全不緊張，

玩出聰明左右腦 Question

【表格的奧妙】 表格中的數字有一定的擺放規律。請仔細分析，並求出 A、B、C 的值。

12	21	A
B	13	19
20	16	C

還真的不容易，在此提供一些消除怯場的方法，讓同學在戰場上發揮實力。

1. **心情平靜法：**

(1) 進考場入座後，先閉上雙眼，輕輕地對自己說「放輕鬆」、「放輕鬆」，重複 6 次，並注意感受全身慢慢鬆弛下來的感覺，也可以全身用力縮緊 10 秒鐘，然後突然放鬆。

(2) 在考試中突然感到慌亂時，會發現呼吸變得急促，這時可以把雙腳打開與肩同寬，兩手自然地放在膝蓋上，雙目微閉深呼吸三、四次，用腹部慢慢地吸氣，氣吸足後稍微屏住一下，然後慢慢地把氣吐出。在呼氣或吸氣時，要拖長時間、緩慢，而且深沉。

(3) 如果因思路中斷而產生慌亂時，則可以自己對自己說「停」，同時握緊一個拳頭，這樣就可以中斷原來的混亂思路，覺得情況好轉以後，再迅速轉入正常考試。

2. **自我暗示法：**

暗示法在國外非常流行。在怯場時作深呼吸，排除一切雜念，在心中默默地對自己說：「我有信心、有把握考出最好水準」；「我覺得難，人家也覺得難；我不會做，人家也不一定會做」；「我要冷靜，要放鬆。」總之只要意識到緊張，就馬上給自己減輕壓力的提示，再配合深呼吸，這樣就可以成為控制自己內心緊張的主人。

3. **思維轉移法：**

根據神經活動過程相互誘導的規律，要產生另一個新的刺激，在頭腦皮脂的另一區域建立比緊張情緒更強的興奮中心，才能抑制過度興奮的情況。一般的做法是：立即停止答題，做些與答題無關的事，或思考一件最感興趣的事，以轉移注意，讓心情平靜一下。

玩出聰明左右腦 Answer

在任何橫列或豎行裡，其數字總和等於 50。得出 A = 17，B = 18，C = 14。

4. **解除疲勞法：**

考試考下來往往要好幾個小時，因為注意力及思緒高度集中，書寫量大而產生疲勞時，要不時給自己一些調整狀態的短暫間歇，可以伸展四肢和腰背，活動手腕和頭頸，甩甩手指關節，這樣可以避免過度的緊張和減輕疲勞，幫助自己維持良好的機能狀態。如果感到手指非常僵硬，甚至影響握筆、寫字時，則應先放下筆活動活動手腕，手臂自然下垂，輕輕地搖幾遍，也可以雙手交叉按壓指關節，或雙手舉至面部由上而下乾洗臉 5 至 6 次，這樣手就會放鬆許多。

(六) 得高分的祕訣

每一位同學都渴望自己能得高分，但在考試中得高分是十分不容易的，不僅要有扎實的基本功，而且還必須避免考試過程中可能會有的失誤，如此才能得到高分，甚至可以接近或達到滿分。如何減少或杜絕失誤呢？具體上應做到以下幾點：

1. **遇到難題不要緊張：**

如果被難題卡住，千萬不要因緊張而影響到其他試題的作答，可以先暫時放下難題，先做其他的題目，因為很多時候往往會在解其他題的過程中想到該題的解法，這時再回過頭來做它便會覺得得心應手。

2. **遇到完全生疏的題目也不要放棄：**

打開試卷，即使碰到從未見過、從未聽過的題目也不要就此放棄，而是應先穩定情緒，回憶一下該題與之前所學到的知識的關聯，及此次考試應該考查的重點部分，並試著做出答案，若真的毫無頭緒，也可以利用前兩節的猜題方法得分。

玩出聰明左右腦 Question

【趣味面積比】 在一個正三角形中接一個圓，圓內又接一個正三角形。請問，外面的大三角形和裡面小三角形的面積比是多少？

3. 未完全了解題意之前不要輕易動筆：

許多同學一看到問題就動筆，卻忽視了題目中的要求，甚至選到反向答案，結果失去了得分的機會。對於題幹較長、較複雜的試題，在沒有完全領會題意的情況下匆匆做答往往會造成失誤。正確的方法是先弄清問題內容，而且要弄明白題目要求回答的角度和方法，最好邊讀題幹邊畫重點，最後才做回答。

4. 臨時想不起來不要慌張：

考試時常會出現這種情況：本來某個題目明明記得很清楚，可是一時間什麼也記不起來。這時切記不要慌亂，可以稍微放鬆一下，也可以想想該項知識內容在書的哪部分，這部分有哪些知識等，這樣循線回憶就會聯想起解法而得到答案。哪怕想出的線索只是一個字或一個詞，也會使你茅塞頓開。

5. 抓住答題要點，不必贅述：

有的同學答題時惟恐答不全，於是就把許多無關緊要甚至是錯誤的答案都「堆」到考卷上。其實有些計算題、問答題是按點給分的，只要在答案中寫出該題的要點，就會得到相應的分數，所以答題時只要抓住中心問題，再擬出答題綱要，然後簡單明瞭地一揮即可，這樣既能得高分，又能充分利用有限的時間。

6. 舉棋不定時，堅持第一印象：

考試中常會遇到一題有兩個答案，而自己又不能肯定哪個是正確答案的情況，這時應選擇先想到的那個。俗語說：「習慣勝於學習」，接觸一道題後想到的第一個答案往往是我們因長期練習而產生的本能反應，選擇它，正確的機率會相對高一些。

玩出聰明左右腦 Answer

把小三角形顛倒過來，便能立刻看出大三角形是小三角形的 4 倍。

Chapter 4

遊戲般的趣味學習

對於乘法，你能想像用表格、畫直線，甚至用萬能的雙手就可以進行運算嗎？讓我們乘著時光機，回到古老的過去，體會先人的智慧吧！

趣味學習的精彩內容

1. **Gelosia Method**
2. **Grating** 計算法
3. 手算九九乘法

Chapter 4

1 Gelosia Method

我們在第一章學了許多乘法運算，而印度數學提供另一管道，將乘法用「畫」的方式，把答案給「畫」出來，提供給讀者另一種學習數學的角度與方法。

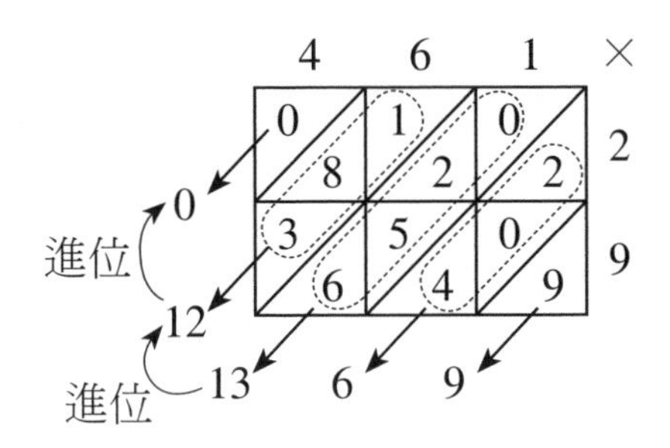

Gelosia Method

Gelosia Method 是指運用畫方格圖，且在每一方格中畫上對角線，以進行乘法運算的方法，由於計算時減少進位的次數，是最簡便的筆算方式，在舊時頗受歡迎。藉由這個單元的介紹，讓讀者認識、比較另一種乘法的運算方式之外，也能欣賞不同的數學文化風格。

熱身練習

(1)58×62 =

(2)79×38 =

(3)46×29 =

(4)65×87 =

(5)128×35 =

(6)376×53 =

(7)3742×71 =

(8)568×735 =

答對題數		作答時間	

利用速算法再試一次

(1)58×62 =

(2)79×38 =

(3)46×29 =

(4)65×87 =

(5)128×35 =

(6)376×53 =

(7)3742×71 =

(8)568×735 =

答對題數		作答時間	

玩出聰明左右腦 Question

【字母算式】 圖中是一個字母算式。目前只知道 B 比 C 大三倍，而且都不等於 0，則 A、B 和 C 的數值分別是多少？

```
  A B A
+ A A B
-------
  B A C
```

請你跟我這樣做

Step1 依照 m 位數的被乘數與 n 位數的乘數，畫出長 m 格、寬 n 格的長方形。

Step2 格子的上方及右方，依序將被乘數與乘數分別填在空格外（1 格填 1 個數字）。

Step3 內部格子分別畫入 1 條對角線（右上至左下）。

Step4 將直行數字與橫列數字相乘，得數填入對應的內部格子中（每個三角空格填一個數字）。

Step5 填好後，將三角空格的數字由右上到左下斜向相加。

Step6 相加的得數滿 10 就進位。

Step7 由左上至右下的數就是答案。

範例 1

$58 \times 62 = ?$

① 畫出長 2 格、寬 2 格的正方形，並在內部格子畫上對角線，依序將被乘數與乘數寫在上方及右方。

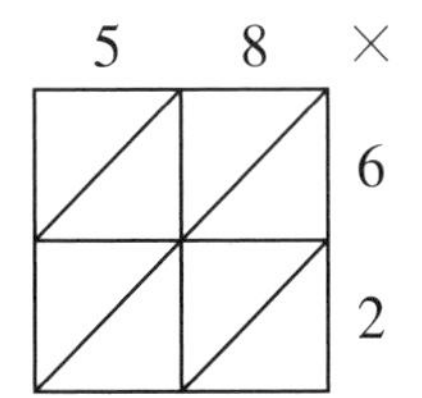

玩出聰明左右腦 Answer

依題意得 3C ＝ B，且其值不會超過 10，B 並大於 C，因此 C 小於 4。而根據圖中直式得 C ＝ 3，進而解出 A ＝ 4，B ＝ 9。

②將直行數字與橫列數字相乘，填入對應的三角空格中。

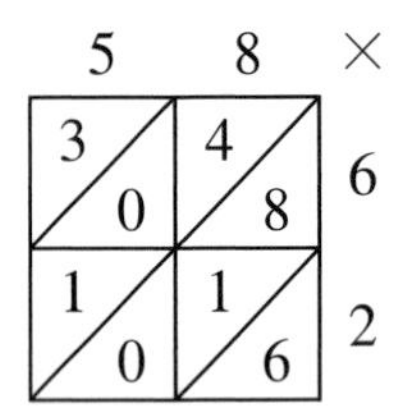

③將三角空格內的數字斜向相加。

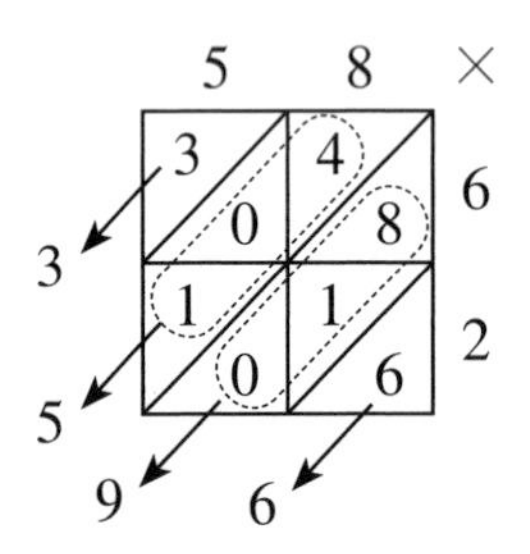

④每斜列相加的得數，由左上到右下得到 3596，所以 58×62 ＝ 3596

範例2

461×29 ＝？

①畫出寬 2 格、長 3 格的長方形，並在內部格子畫上對角線，依序將被乘數與乘數寫在上方及右方。

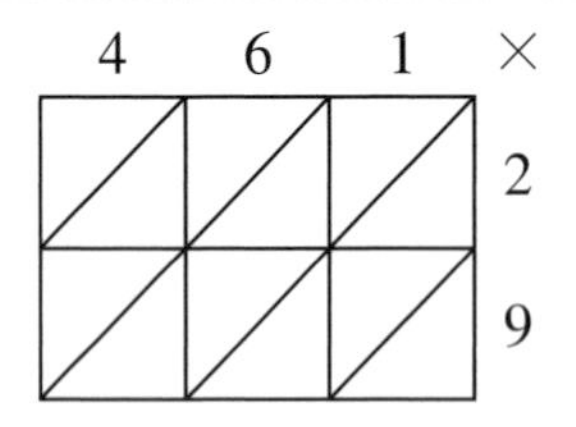

②將直行與橫列數字相乘，填入對應的三角空格內，**乘積不滿 10 時要補 0**。

玩出聰明左右腦 Question

【體積變化】冰融化成水後，它的體積減少 1/12，則當水再結成冰後，其體積會增加多少呢？

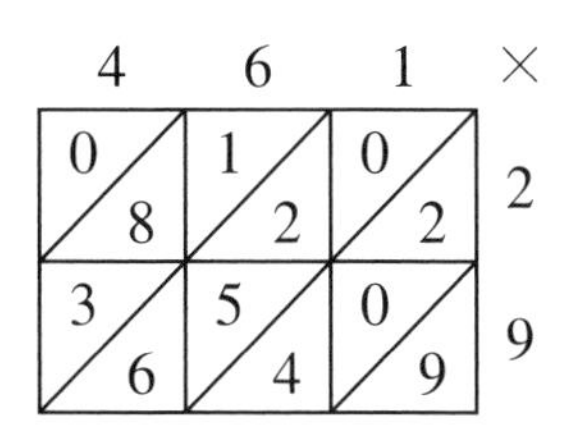

③ 將三角空格內的數字斜向相加，**滿 10 的得數要進位。**

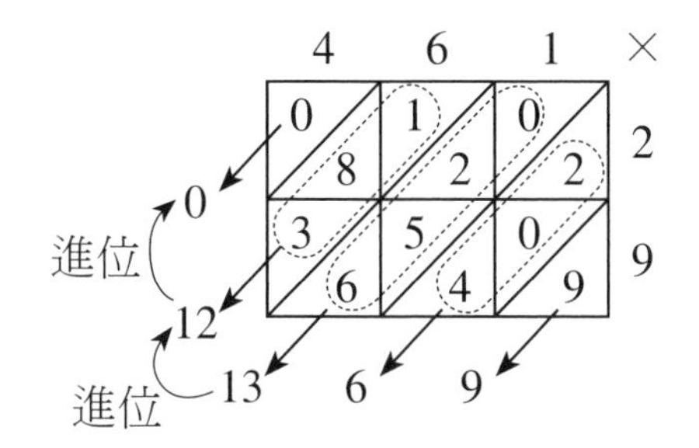

④ 每斜列相加的得數（包含進位），得到 13369，所以 $461 \times 29 = 13369$

打通任督二脈

本節用畫表格的方法就可以求出答案，很有意思吧。其實這是傳統直式乘法的變形，我們舉一例子「46×29＝？」做一個比對。

（本節方法）

4 6 ×
0 8 1 2
2
3 6 5 4
9
0
進位
12
進位
13 4

（傳統方法）

```
    4 6
 ×  2 9
--------
    5 4
  3 6
  1 2
  8
--------
1 3 3 4
```

玩出聰明左右腦 Answer

1/11。假設現在有 12 ml 的冰，融化後變成水，體積減少 1/12，意即剩下 11 ml 的水。當這 11 ml 的水再結成冰時，則又會變為 12 ml 的冰，對水而言，正好是增加 1/11。

讀者是否發現，方格中的數字與傳統運算過程的數字是一樣的，只是需要進位的部分有所不同。**本節方法是先寫出數字再進位，而傳統方法是心中默想並直接進位。**

過關斬將

(1) $26\times98=$

(2) $36\times75=$

(3) $115\times42=$

(4) $267\times53=$

(5) $157\times139=$

(6) $462\times314=$

(7) $507\times499=$

(8) $1346\times257=$

叮嚀與提示

(1) 本節填空格的方法，每格只是個位數的乘法運算，比較簡單有趣，而且斜向相加時的進位數直接寫出，不會忘記進位而出錯；而傳統直式乘法，遇到進位時沒有直接寫出，可能會發生忘記進位而運算失誤。

(2) 本節方法要畫表格，所以會增加運算時間，讀者可自行考量，隨心而用。

(3) 每個空格以斜線畫分成兩個三角空格，是填入乘法運算後的得數，如果不足兩位數，記得要補0。

玩出聰明左右腦 Question

【標點符號的妙用】 標點符號不僅應用在寫作中，對解出數學題目也有莫大幫助。以下是一道沒有標點符號的古代數學題，請正確標出符號，並計算出答案來。

「三角幾何共計九角三角三角幾何幾何」

❷ Grating 計算法

前一節我們用「畫表格」的方式完成了乘法運算，本節要再介紹用「畫直線」的方式來做乘法運算，有意思吧！

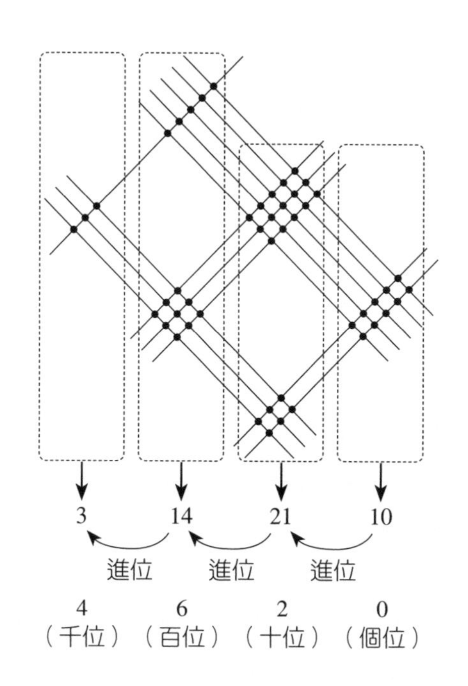

Grating 計算法

Grating 計算法是利用畫直線的方式，進行乘法的運算，畫出來的圖形就像格柵一般，因而得名。同一個問題，同一項工作，卻會因為處理方法的不同，有人能很快地做出來，有人卻遲遲解決不了，關鍵就在打破常規、忘掉條框，快來試試這個有趣的乘法運算方法囉。

熱身練習

(1)15×21 =

(2)16×12 =

(3)22×24 =

(4)52×33 =

(5)61×43 =

(6)73×25 =

(7)73×132 =

(8)128×56 =

答對題數		作答時間	

利用速算法再試一次

(1)15×21 =

(2)16×12 =

(3)22×24 =

(4)52×33 =

(5)61×43 =

(6)73×25 =

(7)73×132 =

(8)128×56 =

答對題數		作答時間	

玩出聰明左右腦 Answer

《三角》、《幾何》共計九角。《三角》三角，《幾何》幾何？

答案：《幾何》價錢是六角。

請你跟我這樣做

Step1 將被乘數的每個數字用斜直線段分開畫出，並依序由左上角畫到右下角。

Step2 將乘數的每個數字用相反的斜直線段分開畫出，並依序由左下角畫到右上角。

Step3 數出每一行的交叉點總數，由左而右的每行總數，就是乘積後的答案數字。

範例1

15×21 ＝？

① 將被乘數 15 的每個數字用斜直線段區分表示，並從左上角到右下角依序畫出。

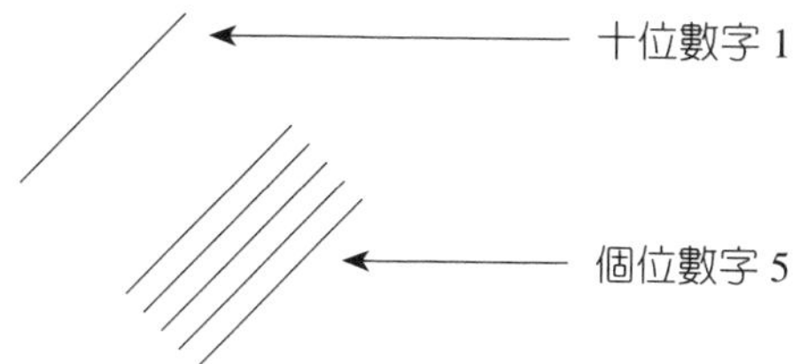

② 將乘數 21 的每個數字用相反斜直線段區分表示，並從左下角到右上角依序畫出。

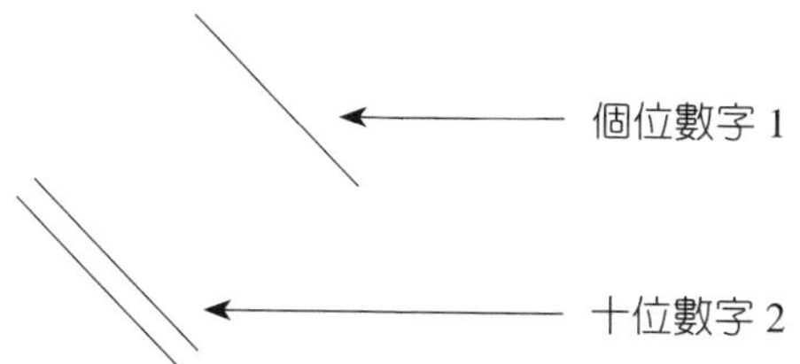

玩出聰明左右腦 Question

【面積縮小一半】 用 12 根火柴棒可以擺成一個直角三角形。現在只需要移動其中 4 根火柴棒就能將三角形的面積縮小一半。想想該怎麼擺？一共有幾種擺法呢？

③將兩組線段交錯畫在一起，並算出每行的交點總數。

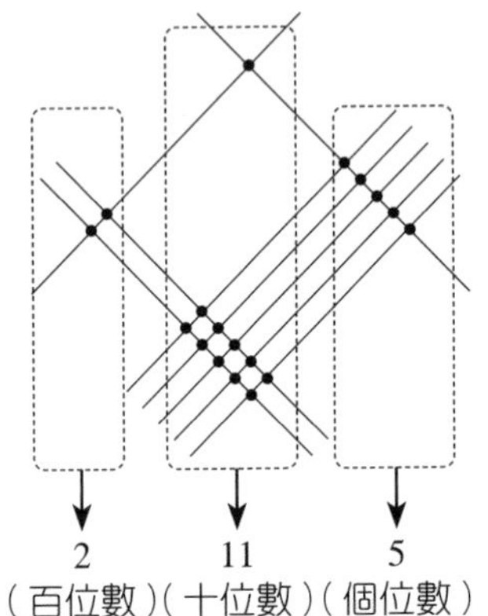

④由各行的交點總數，自左而右得到答案的數字。

最左邊的交點總數 2 是百位數

中間的交點總數 11 是十位數（**滿 10 要進位**）

最右邊的交點總數 5 是個位數

所以 $15 \times 21 = 315$

範例2

$132 \times 35 = ?$

①將被乘數 132 的每個數字用斜直線段區分表示，並從左上角到右下角依序畫出。

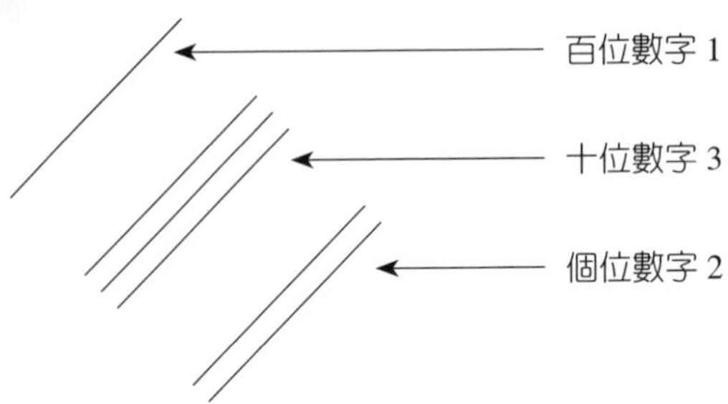

玩出聰明左右腦 Answer

一共有 5 種擺法。

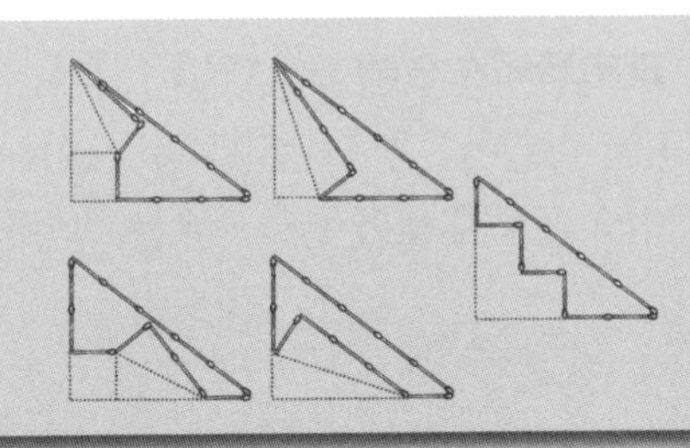

② 將乘數 35 的每個數字用相反斜直線段區分表示，並從左下角到右上角依序畫出。

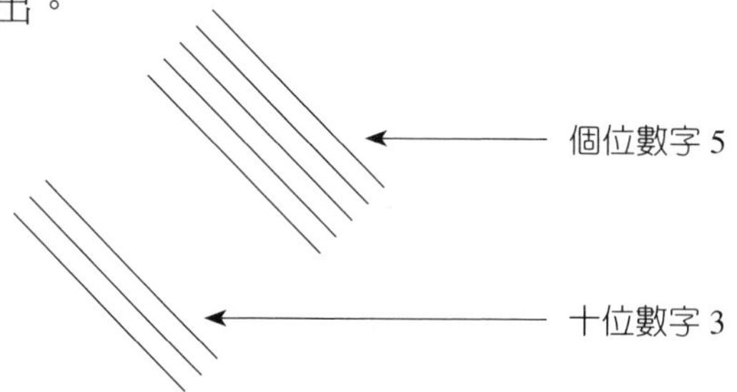

③ 將兩組線段交錯畫在一起，並算出每行的交點總數。

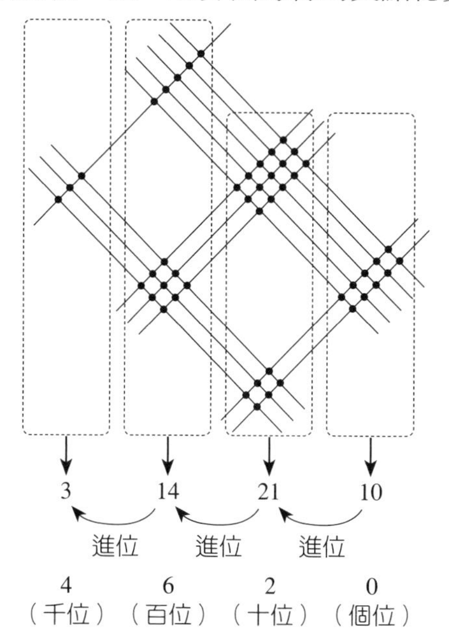

④ 由各行的交點總數，自左而右得到答案的數字。

最左邊一行的交點總數 3 是千位數字。

左邊第二行的交點總數 14 是百位數字，但 1 要進位。

玩出聰明左右腦 Question

【最大的數】 請試著朝各方面思考，用 3 個 9 寫出最大的數。

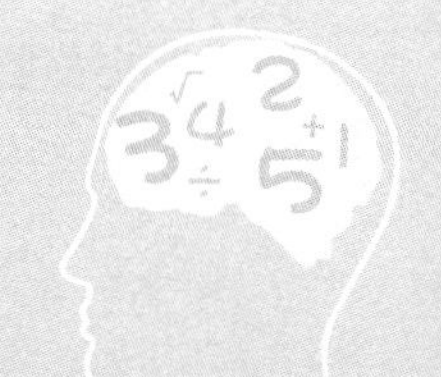

左邊第三行的交點總數 21 是十位數字，但 2 要進位。
最右邊一行的交點總數 10 是個位數字，但 1 要進位。
所以 $132\times35=4620$

打通任督二脈

本節不靠九九乘法表，居然靠畫直線，然後數一數交叉點就可以得到乘法運算的答案。這是什麼原因呢？其實這可以由數學乘法運算推導證明！我們舉一例「$15\times21=$？」來說明如下：

（本節方法）

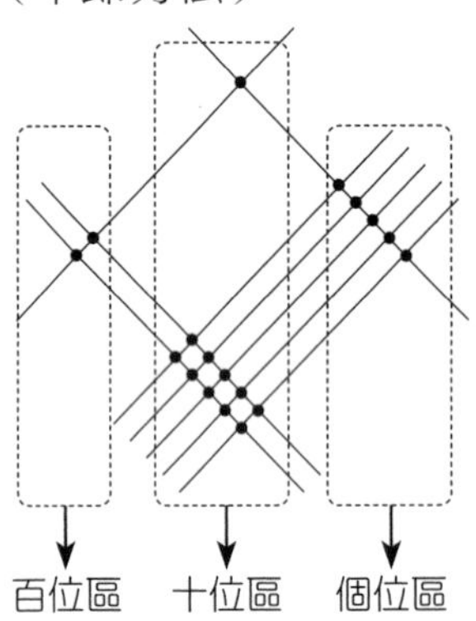

百位區：$1\times2=2$
十位區：$1\times1+5\times2=11$
個位區：$5\times1=5$

（數學運算對照）

$15\times21=(10+5)\times(20+1)$
$=10\times20+10\times1+5\times20+5\times1$ ……………… ❶
$=2\times100+(1+5\times2)\times10+5\times1$ …………… ❷

其中 ❶式共有 4 項，符合上圖的 4 個交點區
❷式的 2×100 符合上圖的百位區
$(1+5\times2)\times10$ 符合上圖的十位區
5×1 符合上圖的個位區

玩出聰明左右腦 Answer

9 的 9 次方的 9 次方。

過關斬將

(1)25×17 =

(2)31×23 =

(3)18×35 =

(4)62×58 =

(5)135×26 =

(6)215×71 =

(7)419×132 =

(8)633×315 =

叮嚀與提示

(1)被乘數與乘數的兩組斜直線交錯畫在一起時，記得每部分的斜線要適當分散，避免要數每行交點總數時，因區域不明確而數錯區域。

(2)計算各行區域交點數時，由於每塊區域都是長方形，所以配合九九乘法加總，可以加快運算速度。

玩出聰明左右腦 Question

【果汁分法】 7 杯全滿的果汁、7 個半杯的果汁和 7 個空杯，要使果汁平均分給 3 個人，該怎麼做呢？

③ 手算九九乘法

相信大家在國小階段都有背過九九乘法表的艱苦記憶，但您聽過用萬能的雙手就可以「比」出答案嗎？繼前面兩節畫表格以及畫線的乘法運算後，用「手」的運算介紹給大家。先熱身練習當年九九乘法的背誦吧！

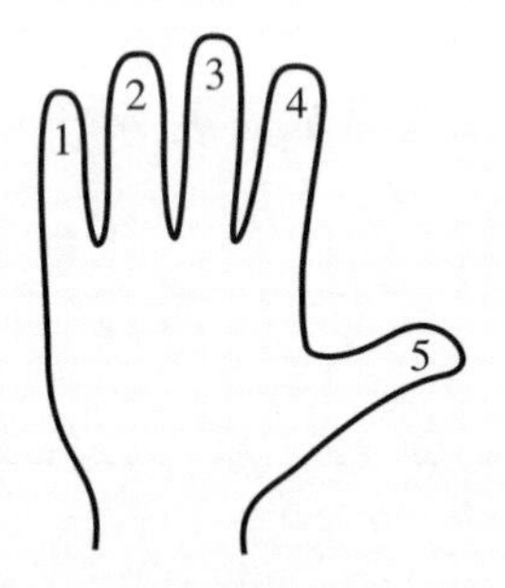

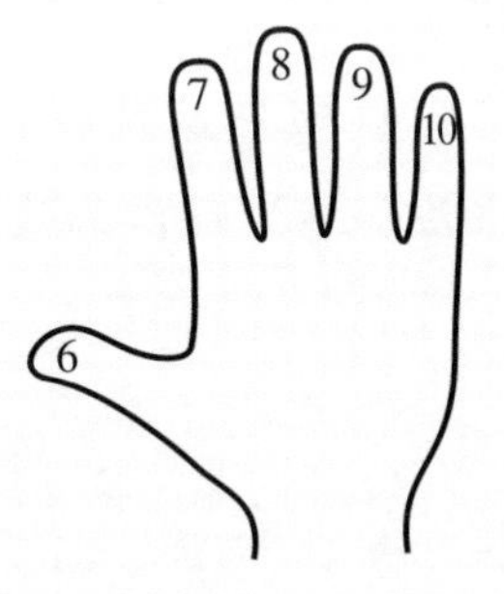

手算九九乘法

手指是人類與生俱來的計數工具，除了可以進行一些簡單的加減計算，還能做乘法，透過與心算的配合，用手指不僅能算得比計算器還快，還可以開發左右腦。

熱身練習

(1)5×7 ＝

(2)9×2 ＝

(3)6×8 ＝

(4)7×9 ＝

(5)8×5 ＝

(6)6×7 ＝

(7)9×6 ＝

(8)4×3 ＝

答對題數		作答時間	

利用速算法再試一次

(1)5×7 ＝

(2)9×2 ＝

(3)6×8 ＝

(4)7×9 ＝

(5)8×5 ＝

(6)6×7 ＝

(7)9×6 ＝

(8)4×3 ＝

答對題數		作答時間	

玩出聰明左右腦 Answer

將 4 個半杯倒成 2 杯全滿的果汁，於是滿杯有 9 個，半杯則成為 3 個，空杯增加至 9 個，因此 3 人能各自得到 3 杯全滿及半杯的果汁。

請你跟我這樣做

(一)與9相乘的方法

Step1 將兩手的手指攤開伸長（手心朝向或背向自己皆可）。

Step2 從最左邊手指起算當 1，由左而右到第十根手指為 10。

Step3 與 9 相乘的數，對應在手指的數，該手指彎曲。

Step4 彎曲手指左邊的手指總數就是答案的十位數，彎曲手指右邊的手指總數就是答案的個位數。

範例1

$9\times5=?$

① 十指伸出，對應乘數 5 的手指彎曲。

② 彎曲手指的左邊手指總數為 4，代表答案的十位數；右邊手指總數 5 代表答案的個位數。

③ 我們以手指示意圖表如下：

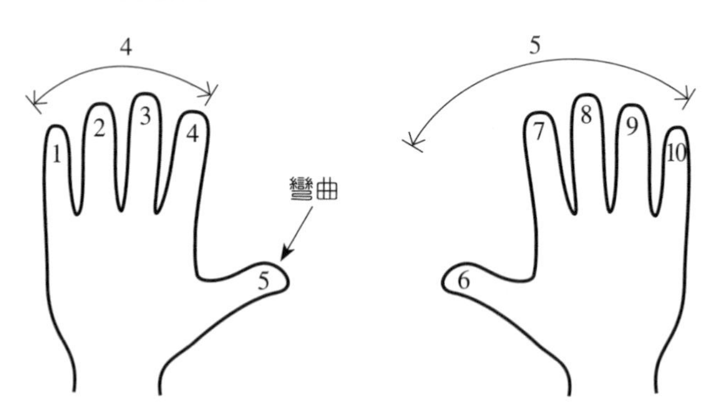

所以 $9\times5=45$

玩出聰明左右腦 Question

【冬天還是夏天？】 左圖為兩幅房間素描畫，請判別哪一幅是夏天畫的，哪一幅是冬天畫的？

範例2

8×9 = ?

① 十指伸出，對應被乘數 8 的手指彎曲。

② 彎曲手指的左邊手指總數為 7，代表答案的十位數；右邊手指總數為 2，代表答案的個位數。

③ 我們以手指示意圖表示如下：

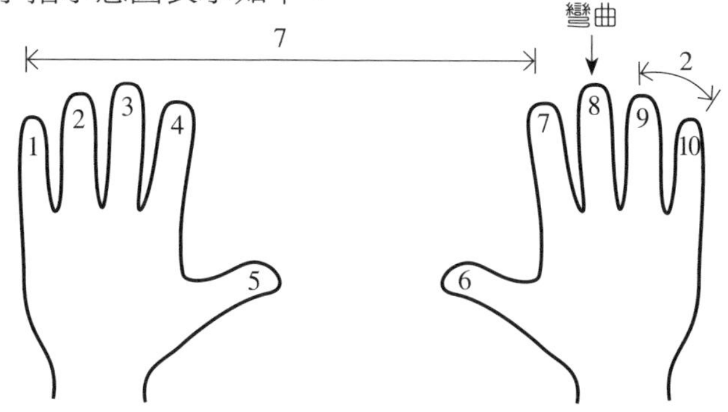

所以 8×9 = 72

請你跟我這樣做

(二) 5 以上相乘的方法

Step1 將十指伸出，手心朝外，手背朝向自己。

Step2 手心代表 5（視線看不到），拇指代表 6，食指代表 7，中指代表 8，無名指代表 9，小指代表 10。左手代表被乘數，右手代表乘數。

Step3 乘法運算時，不大於對應數的兩手指數相加，代表答案的十位數；大於對應數的兩手指數相乘，代表答案的個位數。

Step4 如果個位數滿 10 則要進位。

玩出聰明左右腦 Answer

左圖是夏天畫的。由於夏天的 11 點鐘，太陽處於屋頂上方，照射進來的光線面積小。相反地，冬天 11 點鐘，太陽與屋頂形成的角度小，照射進來的光線面積大，因此右圖是冬天畫的。

範例 1

7×9＝？

① 十指伸出，兩手手背朝向自己。

② 被乘數 7 代表左手的食指，乘數 9 代表右手的無名指。

③ 不大於7的手指總數為2，不大於9的手指總數為4，兩數相加代表答案的十位數。

2＋4＝6，所以十位數為 6

④ 大於7的手指總數為3，大於9的手指總數為1，兩數相乘代表答案的個位數。

3×1＝3，所以個位數為 3

⑤ 我們以手指示意圖表示如下：

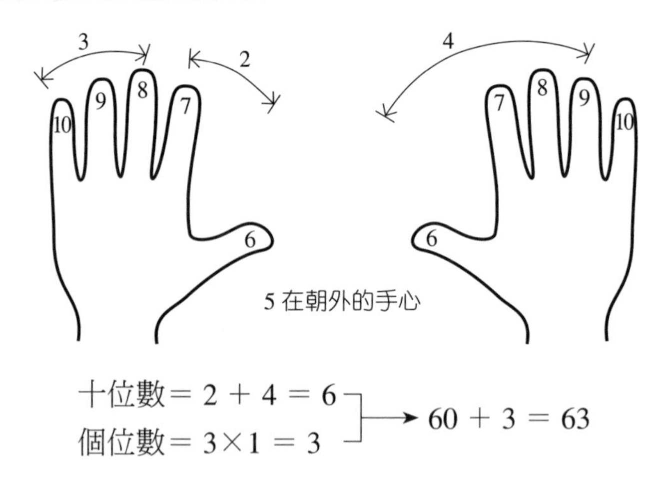

十位數＝2＋4＝6
個位數＝3×1＝3
→ 60＋3＝63

所以 7×9＝63

玩出聰明左右腦 Question

【不平衡的天秤】 有一座天秤和 14 塊重量相同的金條。現在，左邊離軸心 3 格的秤盤裡放了 9 塊金條，右邊離軸心 4 格的秤盤裡放了 5 塊金條，但天秤仍未平衡。已知每個秤盤和金條的重量相同，請移動 1 塊金條，使天秤恢復平衡。

範例2

5×8 =？

① 十指伸出，兩手手背朝向自己。

② 被乘數 5 代表左手的手心（朝外看不到），乘數 8 代表右手的中指。

③ 不大於5的手指總數為0，不大於8的手指總數為3，兩數相加代表答案的十位數。

0 + 3 = 3

④ 大於5的手指總數為5，大於8的手指總數為2，兩數相乘為答案的個位數。

5×2 = 10，由於滿 10 要進位

⑤ 我們以手指示意圖表示如下：

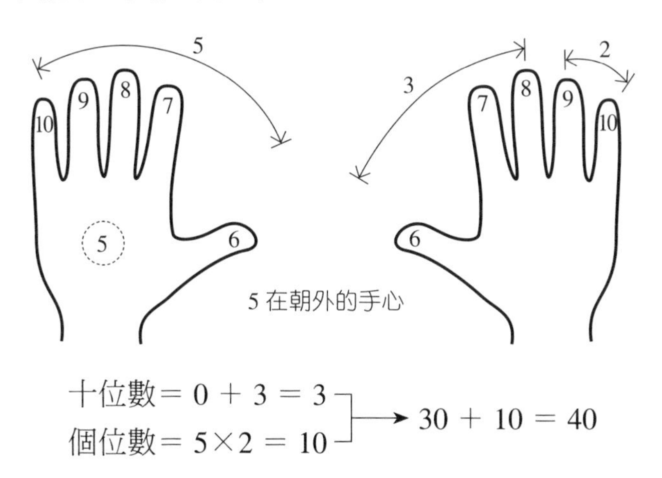

十位數＝ 0 + 3 = 3
個位數＝ 5×2 = 10
→ 30 + 10 = 40

所以 5×8 = 40

玩出聰明左右腦 Answer

由於每個秤盤和金條的重量相同，因此只要把左邊的金條移動 1 塊到右邊即可。意即：（9 − 1）×3（3 格軸心）＝ 24 ＝（5 + 1）×4（4 格軸心）。

打通任督二脈

(1)與 9 相乘的運算方法，筆者推出數學運算原理如下：

$a\times9=a\times(10-1)=a\times10-a=a\times10-10+10-a$

$=(a-1)\times10+(10-a)$

①上式中「$(a-1)\times10$」代表**十位數是（a－1），與手指彎曲後的左邊手指總數相符合**。例如：與 5 相乘，左邊手指數是「$5-1$」等於 4。

②上式中「$(10-a)$」代表**個位數是（10－a），與手指彎曲後的右邊手指總數相符合**。例如:與 5 相乘，右邊手指是「$10-5$」等於 5。

(2)5 以上相乘的運算方法，也將數學原理推論如下：

$a\times b$

$=(10-10+a)(10-10+b)=[10-(10-a)][10-(10-b)]$

$=10\times10-(10-a)\times10-(10-b)\times10+(10-a)(10-b)$

$=[10-(10-a)-(10-b)]\times10+(10-a)(10-b)$

$=(a+b-10)\times10+(10-a)(10-b)$

$=[(a-5)+(b-5)]\times10+(10-a)(10-b)$

①上式中「$[(a-5)+(b-5)]\times10$」代表十位數字是「$(a-5)+(b-5)$」。而**（a－5）與（b－5）正好分別是不大於兩乘數的左、右手指總數**。例如：範例 2「$7\times9=?$」中，不大於 7 的手指總數 2，正好是 7 減 5 的值；不大於 9 的手指總數 4，也正好是 9 減 5 的值。

玩出聰明左右腦 Question

【換輪胎學問】 一名長途運輸的司機準備出發送貨！但他此次的交通工具是三輪車，輪胎的壽命是 2 萬公里，現在他要進行 5 萬公里的長途運輸，計畫用 8 個輪胎來完成任務，請問他該如何辦到呢？

②上式中「(10 − a)(10 − b)」代表個位數字。而(10 − a)**與(10 − b)正好分別代表大於兩乘數的左、右手指總數。**例如範例 2 中「7×9 = ?」，大於 7 的手指總數 3，正好是 10 減 7 的值；大於 9 的手指總數 1，也正好是 10 減 9 的值。

過關斬將

(1)9×9 =

(2)9×4 =

(3)9×8 =

(4)9×3 =

(5)6×6 =

(6)8×7 =

(7)5×6 =

(8)8×8 =

叮嚀與提示

(1)本節所提的方法，除了與 9 的乘法運算外，不包含 1 到 4 的乘法運算。理由是在「打通任督二脈」敘述中，(a − 5)與(b − 5)是代表手指數目，不會出現負值，所以乘數 a 及 b 皆大於 4。

(2)本節方法適合於初學九九乘法時，加強背誦記憶之用，並增加學習的趣味。

玩出聰明左右腦 Answer

將 8 個輪胎分別編為 1 ~ 8 號，每 5000 公里換一次輪胎，其配用輪胎可推論出下列組合：123(第一次可行駛 1 萬公里)，124，134，234，456，567，568，578，678。以此方式可完成 5 萬公里的運輸。

成果檢測

解答

成果檢測

Chapter 1

(1) $584+736=$

(2) $3572+4992=$

(3) $3152-1783=$

(4) $10000-5063=$

(5) $29873\times 11=$

(6) $45\times 45=$

(7) $84\times 86=$

(8) $72\times 73=$

(9) $106\times 107=$

(10) $392\times 408=$

(11) $68\times 97=$

(12) $96\times 25=$

(13) $2053\div 23=$

(14) $36529\div 5=$　　　　（整除）

(15) $46728\div 9=$

Chapter 2

(1) $7\frac{2}{15}+3\frac{1}{7}=$

(2) $2\frac{7}{11}-1\frac{2}{3}=$

(3) $6\frac{2}{3}\times\frac{3}{5}=$

(4) $3\frac{1}{3}\div 4\frac{2}{7}=$

(5) $142^2=$

(6) $93^2=$

(7) $\sqrt{315844}=$

(8) $\sqrt{837225}=$

(9) $\sqrt[3]{238328}=$

(10) $\sqrt[3]{912673}=$

(11) 解聯立方程式 $\begin{cases}5x+8y=-1\\7x-2y=25\end{cases}$

⑿ 如右圖直角三角形，求：

① $\cot A =$

② $\sec^2 A - 1 =$

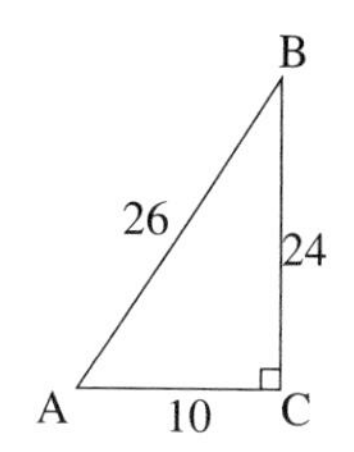

⒀ 有 7 個數值「8、6、8、13、1、11、9」，求：

① 四分位距

② 標準差（四捨五入至小數點下一位）

Chapter 4

1. 請以 Gelosia Method 求下列各值：

(1) $79 \times 82 =$ (2) $561 \times 7582 =$

(3) $109 \times 37 =$ (4) $956 \times 315 =$

(5) $1452 \times 598 =$ (6) $17 \times 4621 =$

2. 請以 Grating 計算法求下列各值：

(7) $39 \times 23 =$ (8) $226 \times 13 =$

(9) $27 \times 55 =$ (10) $112 \times 37 =$

(11) $23 \times 72 =$ (12) $613 \times 152 =$

3. 請以手算九九乘法求下列各值：

(13) $9 \times 7 =$ (14) $2 \times 9 =$

(15) $7 \times 6 =$

解答

Chapter 1

❶ 加法運算

1-1 熱身練習

(1)111	(2)52	(3)102	(4)103
(5)244	(6)1014	(7)3937	(8)4011

過關斬將

(1)132	(2)141	(3)111	(4)84
(5)204	(6)620	(7)14317	(8)8036

1-2 熱身練習

(1)15775	(2)659	(3)1465	(4)5378
(5)4855	(6)8397	(7)16652	(8)10431

過關斬將

(1)17017	(2)8700	(3)6549	(4)12285
(5)14302	(6)6038	(7)7730	(8)854181

❷ 減法運算

2-1 熱身練習

(1)26	(2)36	(3)87	(4)468
(5)286	(6)405	(7)592	(8)53

過關斬將

(1)36	(2)48	(3)145	(4)448
(5)148	(6)389	(7)2439	(8)1537

2-2 熱身練習

(1)68	(2)44	(3)402	(4)628
(5)2386	(6)9271	(7)15185	(8)1673

過關斬將

(1)22	(2)41	(3)171	(4)472
(5)2944	(6)4687	(7)5994	(8)5182

❸ 乘法運算

3-1 熱身練習

(1)132	(2)253	(3)539	(4)583
(5)1078	(6)1166	(7)27753	(8)71263753

過關斬將

(1)462	(2)858	(3)5929	(4)7755
(5)43967	(6)49632	(7)557722	(8)400719

3-2 熱身練習

(1)1225	(2)5625	(3)225	(4)4225
(5)11025	(6)15625	(7)46225	(8)99225

過關斬將

(1)625	(2)9025	(3)3025	(4)7225
(5)2025	(6)27225	(7)75625	(8)164025

3-3 熱身練習

(1)3016	(2)4224	(3)1209	(4)5616
(5)7221	(6)224	(7)9016	(8)621

過關斬將

(1)1224	(2)216	(3)609	(4)3021
(5)2016	(6)7209	(7)9021	(8)4221

3-4 熱身練習

(1)288	(2)208	(3)525	(4)638
(5)1178	(6)3192	(7)8835	(8)5400

過關斬將

(1)754	(2)2756	(3)1184	(4)285
(5)5538	(6)8832	(7)2107	(8)4032

3-6 熱身練習

(1)10815 (2)11448 (3)10807 (4)11118
(5)11025 (6)11124 (7)11024 (8)10914

過關斬將

(1)11016 (2)11554 (3)10605 (4)11232
(5)11236 (6)11556 (7)10302 (8)10608

3-7 熱身練習

(1)384 (2)899 (3)1591 (4)2484
(5)3596 (6)4819 (7)39996 (8)999951

過關斬將

(1)9775 (2)6396 (3)1584 (4)9919
(5)89856 (6)202451 (7)3999975 (8)12249375

3-8 熱身練習

(1)7626 (2)9216 (3)1380 (4)6097
(5)9506 (6)5742 (7)4753 (8)2726

過關斬將

(1)8827 (2)7176 (3)5208 (4)1584
(5)3610 (6)7968 (7)2538 (8)4186

3-9 熱身練習

(1)180 (2)450 (3)400 (4)1800
(5)7000 (6)1540 (7)33600 (8)27000

過關斬將

(1)390 (2)1050 (3)900 (4)6000
(5)1890 (6)11000 (7)240000 (8)84000

❹除法運算

4-1 熱身練習

(1)3......11 (2)6......1 (3)35......7 (4)14......13
(5)16......8 (6)57......23 (7)95......3 (8)121......48

過關斬將

(1)3......11	(2)6......2	(3)4......13	(4)14......17
(5)29......0	(6)68......4	(7)92......30	(8)160......31

4-2 熱身練習

(1)10.6	(2)15.6	(3)26.4	(4)125.8
(5)251.2	(6)713.4	(7)1485.6	(8)8523.8

過關斬將

(1)12.4	(2)19.4	(3)51.2	(4)174.6
(5)836.2	(6)1123.8	(7)3964.6	(8)7485

4-3 熱身練習

(1)16......8	(2)41......7	(3)64......0	(4)90......4
(5)180......5	(6)652......5	(7)4093......5	(8)8367......3

過關斬將

(1)52......8	(2)82......1	(3)40......8	(4)90......3
(5)263......0	(6)730......0	(7)9847......6	(8)8362......6

Chapter 2

❶ 分數四則運算

熱身練習

(1)$1\frac{17}{42}$	(2)$4\frac{31}{36}$	(3)$\frac{7}{24}$	(4)$3\frac{5}{24}$
(5)$\frac{3}{26}$	(6)7	(7)$1\frac{1}{21}$	(8)$1\frac{7}{9}$

過關斬將

(1)$5\frac{19}{40}$	(2)$6\frac{25}{63}$	(3)$\frac{31}{60}$	(4)$\frac{43}{152}$
(5)$1\frac{1}{7}$	(6)$5\frac{1}{3}$	(7)$\frac{45}{91}$	(8)$\frac{7}{34}$

❷ 平方與平方根

熱身練習

(1)2704　(2)7396　(3)16384　(4)497025

(5)26　(6)73　(7)137　(8)852

過關斬將

(1)5776　(2)1521　(3)19321　(4)65536

(5)33　(6)27　(7)356　(8)21.8

❸ 立方根

熱身練習

(1)7　(2)8　(3)12　(4)18

(5)34　(6)23　(7)67　(8)92

過關斬將

(1)15　(2)17　(3)26　(4)31

(5)42　(6)57　(7)64　(8)89

❹ 解聯立方程式

熱身練習

(1)$x=1$，$y=-1$　(2)$x=2$，$y=-1$

(3)$x=3$，$y=-2$　(4)$x=1$，$y=-2$

(5)$x=1$，$y=-2$　(6)$x=3$，$y=-1$

(7)$x=2$，$y=-1$

過關斬將

(1)$x=3$，$y=2$　(2)$x=1$，$y=-2$

(3)$x=3$，$y=-1$　(4)$x=2$，$y=-3$

(5)$x=3$，$y=-2$　(6)$x=5$，$y=-2$

(7)$x=6$，$y=-1$　(8)$x=2$，$y=8$

❺ 三角函數

熱身練習

(1) $\frac{12}{13}$ (2) $\frac{5}{13}$ (3) $\frac{5}{12}$ (4) $\frac{12}{5}$

(5) $\frac{13}{12}$ (6) 1 (7) 1 (8) -1

過關斬將

(1) $\frac{8}{17}$ (2) $\frac{15}{17}$ (3) $\frac{8}{15}$ (4) $\frac{17}{15}$

(5) $\frac{15}{8}$ (6) 1 (7) 1 (8) 1

❻ 基礎統計

熱身練習

(1)9 (2)13 (3)9 (4)9

(5)5.5 (6)12 (7)6.5 (8)3.8

過關斬將

(1)16 (2)13.5 (3)7 (4)22

(5)9.5 (6)23 (7)13.5 (8)7.7

Chapter 4

❶ Gelosia Method

熱身練習

(1)3596 (2)3002 (3)1334 (4)5655

(5)4480 (6)19928 (7)265682 (8)417480

過關斬將

(1)2548 (2)2700 (3)4830 (4)14151

(5)21823 (6)145068 (7)252993 (8)345922

❷ Grating 計算法

熱身練習

(1)315 (2)192 (3)528 (4)1716
(5)2623 (6)1825 (7)9636 (8)7168

過關斬將

(1)425 (2)713 (3)630 (4)3596
(5)3510 (6)15265 (7)55308 (8)199395

❸ 手算九九乘法

熱身練習

(1)35 (2)18 (3)48 (4)63
(5)40 (6)42 (7)54 (8)12

過關斬將

(1)81 (2)36 (3)72 (4)27
(5)36 (6)56 (7)30 (8)64

成果檢測

Chapter 1

(1)1320 (2)8564 (3)1369 (4)4937
(5)328603 (6)2025 (7)7224 (8)5256
(9)11342 (10)159936 (11)6596 (12)2400
(13)89……6 (14)7305.8 (15)5192……0

Chapter 2

(1)$10\frac{29}{105}$ (2)$\frac{32}{33}$ (3)4 (4)$\frac{7}{9}$
(5)20164 (6)8649 (7)562 (8)915
(9)62 (10)97 (11)$x=3$，$y=-2$
(12)$\frac{5}{12}$；$\frac{144}{25}$ (13)5；3.5

Chapter 4

(1) 6478	(2) 4253502	(3) 4033	(4) 301140
(5) 868296	(6) 78557	(7) 897	(8) 2938
(9) 1485	(10) 4144	(11) 1656	(12) 93176
(13) 63	(14) 18	(15) 42	

國家圖書館出版品預行編目資料

全世界最多人都在學的數學速算法／ 王擎天著
新北市：鴻漸文化出版　采舍國際有限公司發行

2016.02　面；　公分

ISBN 978-986-5874-87-2 (平裝)

1.速算

311.16　　104027950

全世界最多人都在學的數學速算法

編著者●王擎天
出版者●鴻漸文化
發行人●Jack
美術設計●陳君鳳
排版●王鴻立
出版總監●歐綾纖
副總編輯●陳雅貞
責任編輯●蔡秋萍
特約編輯●周本立
編輯中心●新北市中和區中山路二段366巷10號10樓
電話●(02)2248-7896　傳真●(02)2248-7758

總經銷●采舍國際有限公司
發行中心●235新北市中和區中山路二段366巷10號3樓
電話●(02)8245-8786　傳真●(02)8245-8718
退貨中心●235新北市中和區中山路三段120-10號（青年廣場）B1
電話●(02)2226-7768　傳真●(02)8226-7496
郵政劃撥戶名●采舍國際有限公司
郵政劃撥帳號●50017206（劃撥請另付一成郵資）
新絲路網路書店●www.silkbook.com
華文網網路書店●www.book4u.com.tw
PChome商店街●store.pchome.com.tw/readclub
出版日期●2016年2月

本書係透過華文聯合出版平台（www.book4u.com.tw） 自資出版印行，並委由采舍國際有限公司（www.silkbook.com）總經銷。

本書採減碳印製流程並使用優質中性紙（Acid & Alkali Free）與環保油墨印製。